工伤预防科普丛书

U0210540

化工危险化学品
工伤预防知识

“工伤预防科普丛书”编委会 编

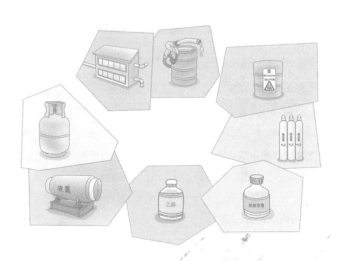

中国劳动社会保障出版社

图书在版编目（CIP）数据

化工危险化学品工伤预防知识／"工伤预防科普丛书"编委会编 . ‐‐北京：中国劳动社会保障出版社，2021

（工伤预防科普丛书）

ISBN 978‐7‐5167‐5092‐6

Ⅰ . ①化… Ⅱ . ①工… Ⅲ . ①化工产品‐危险品‐工伤事故‐事故预防‐基本知识 Ⅳ . ① X928.503

中国版本图书馆 CIP 数据核字（2021）第 194562 号

中国劳动社会保障出版社出版发行

（北京市惠新东街 1 号 邮政编码：100029）

*

三河市华骏印务包装有限公司印刷装订 新华书店经销

880 毫米 × 1230 毫米 32 开本 6 印张 123 千字
2021 年 10 月第 1 版 2021 年 10 月第 1 次印刷

定价：**25.00 元**

读者服务部电话：（010）64929211/84209101/64921644

营销中心电话：（010）64962347

出版社网址：http://www.class.com.cn

"工伤预防科普丛书"编委会

主　　任：佟瑞鹏

委　　员：　安　宇　　张鸿莹　　尘兴邦　　孙宁昊　　姚健庭

　　　　　　宫世吉　　刘兰亭　　张　冉　　王思夏　　雷达晨

　　　　　　王小龙　　杨校毅　　杨雪松　　范冰倩　　张　燕

　　　　　　周晓凤　　孙　浩　　张渤苓　　王露露　　高　宁

　　　　　　李宝昌　　王一然　　曹兰欣　　赵　旭　　李子琪

　　　　　　王　祎　　郭子萌　　张姜博南　王登辉　　姚泽旭

本书主编：　刘兰亭　　孙　浩

内容简介

危险化学品具有较大危害，化工企业职工在生产劳动过程中难免会接触各类危险有害因素，对人体造成伤害或引发职业病而导致工伤。本书紧扣安全生产、工伤保险、化工安全等法律法规，详细介绍了化工危险化学品企业职工在生产劳动过程中应该了解的工伤预防与工伤保险基础知识。本书内容主要包括：工伤保险与工伤预防基础知识、权利义务、化工危险化学品基础知识、危险化学品生产安全、危险化学品储存安全、危险化学品运输安全、危险化学品经营安全、危险化学品使用安全、危险化学品废物安全处置、化工危险化学品事故应急、化工危险化学品企业劳动防护用品使用及化工危险化学品工伤急救知识等内容。

本书所选题目典型性、通用性强，文字浅显易懂，版式设计新颖活泼，漫画配图直观生动，可供工伤预防管理部门和用人单位开展工伤预防宣传教育工作使用，也可作为广大职工群众增强工伤预防意识、提升安全生产素质的普及性学习读物。

前　言

工伤预防是工伤保险制度体系的重要组成部分。做好工伤预防工作，开展工伤预防宣传和培训，有利于增强用人单位和职工的守法维权意识，从源头减少工伤事故和职业病的发生，保障职工生命安全和身体健康，减少经济损失，促进社会和谐稳定发展。

党和政府历来高度重视工伤预防工作。2009 年以来，全国共开展了三次工伤预防试点工作，为推动工伤预防工作奠定了坚实基础。2017 年，人力资源社会保障部等四部门印发《工伤预防费使用管理暂行办法》，对工伤预防费的使用和管理作出了具体的规定，使工伤预防工作进入了全面推进时期。2020 年，人力资源社会保障部等八部门联合印发《工伤预防五年行动计划（2021—2025 年）》（以下简称《五年行动计划》）。《五年行动计划》要求以习近平新时代中国特色社会主义思想为指导，全面贯彻党的十九大和十九届二中、三中、四中、五中全会精神，坚持以人民为中心的发展思想，完善"预防、康复、补偿"三位一体制度体系，把工伤预防作为工伤保险优先事项，通过推进工伤预防工作，增强工伤预防意识，改善工作场所的劳动条件，防范重特大事故的发生，切实降低工伤发生率，促进经济社会持续健康发展。《五年行动计划》同时明确了九项工作任务，其中包括全面加强工伤预防宣传和深入推进工伤预防培训等内容。

结合目前工伤保险发展现状，立足全面加强工伤预防宣传和深入推进工伤预防培训，我们组织编写了"工伤预防科普丛书"。本套丛书目前包括《〈工伤保险条例〉理解与适用》《〈工伤预防五年行动计划（2021—2025年）〉解读》《农民工工伤预防知识》《工伤预防基础知识》《工伤预防职业病防治知识》《工伤预防个体防护知识》《工伤预防应急救护知识》《建筑施工工伤预防知识》《矿山工伤预防知识》《化工危险化学品工伤预防知识》《机械加工工伤预防知识》《尘毒高危企业工伤预防知识》《交通与运输工伤预防知识》《冶金工伤预防知识》《火灾爆炸工伤预防知识》《有限空间作业工伤预防知识》《物流快递人员工伤预防知识》《网约工工伤预防知识》《公务员和事业单位人员工伤预防知识》《工伤事故典型案例》等分册。本套丛书图文并茂、生动活泼，力求以简洁、通俗易懂的文字普及工伤预防最新政策和科学技术知识，不断提升各行业职工群众的工伤预防意识和自我保护意识。

本套丛书在编写过程中，参阅并部分应用了相关资料与著作，在此对有关著作者和专家表示感谢。由于种种原因，图书可能会存在不当或错误之处，敬请广大读者不吝赐教，以便及时纠正。

"工伤预防科普丛书"编委会

2021年6月

目　录

第1章
工伤保险与工伤
预防基础知识

1. 什么是工伤保险?

工伤保险是社会保险的一个重要组成部分,它通过社会统筹建立工伤保险基金,对保险范围内的职工因在生产经营活动中或在规定的某些情况下遭受意外伤害、职业病以及因这两种情况死亡或暂时或永久丧失劳动能力时,职工或其近亲属能够从国家、社会得到必要的物质补偿,以保障职工或其近亲属的基本生活水平,受工伤的职工同时可以得到必要的医疗救治和康复服务。工伤保险保障了工伤职工的合法权益,有利于妥善处理事故和恢复生产,维护正常的生产、生活秩序,维护社会安定。

工伤保险有4个基本特点:一是强制性。国家立法强制一定范围内的用人单位、职工必须参加工伤保险。二是非营利性。工

伤保险是国家对职工履行的社会责任，也是职工应该享受的基本权利。国家实行工伤保险制度，目的是保障职工安全健康，因此国家提供所有的工伤保险有关的服务，均不以营利为目的。三是保障性。职工在发生工伤事故后，国家为职工或其近亲属发放工伤保险待遇，保障其生活。四是互助互济性。是指通过强制征收保险费，建立工伤保险基金，由社会保险机构在人员之间、地区之间、行业之间调剂使用基金。

 法律提示

《工伤保险条例》（国务院令第 375 号）于 2003 年 4 月 27 日公布，2004 年 1 月 1 日生效实施。2010 年 12 月 8 日，国务院第 136 次常务会议通过《国务院关于修改〈工伤保险条例〉

的决定》,（国务院令第 586 号 ）,自 2011 年 1 月 1 日起施行。

现行《工伤保险条例》分 8 章 67 条,各章内容如下:第一章总则,第二章工伤保险基金,第三章工伤认定,第四章劳动能力鉴定,第五章工伤保险待遇,第六章监督管理,第七章法律责任,第八章附则。

2. 施行工伤保险制度有什么重要意义？

2010 年 12 月 20 日,国务院发布《关于修改〈工伤保险条例〉的决定》,新修订的《工伤保险条例》（以下简称《条例》）自 2011 年 1 月 1 日起正式施行。《条例》的立法宗旨是:为了保障因工作遭受事故伤害或患职业病的职工获得医疗救治和经济补偿,促进工伤预防和职业康复,分散用人单位的工伤风险。修订后的《工伤保险条例》主要体现了以下几个方面的重要意义:

（1）更好地保障工伤职工权益

《条例》调整扩大了工伤保险实施范围和工伤认定范围,大幅度地提高了工伤待遇水平,简化了认定、鉴定和争议处理程序。这些都可以充分保障工伤职工及其家属的合法权益,减少工伤职工的经济负担,进而促进社会和谐稳定。

（2）分散用人单位工伤风险,减轻了经济负担

《条例》扩大了工伤保险范围,通过社会统筹的工伤保险制度,分散各类用人单位承担的工伤职工经济费用,同时因为可以把一些工伤职工管理的具体事务性工作交由相关的工伤保险经办

机构处理，也减轻了用人单位管理上的负担。新《条例》规定把原来由用人单位支付的工伤职工待遇改为由工伤保险基金支付，还规范统一了工伤职工的待遇标准，保证他们待遇的及时发放。

（3）有利于加快完善工伤保险制度体系

《条例》明确了工伤预防的重要性，并且规定了工伤预防费用的使用，确立了工伤预防工作在工伤保险制度中的重要地位；对工伤康复也做了更加明确的规定，使工伤康复相关工作有了强有力的法律和物质保障。这样，通过实施新《条例》，工伤预防、工伤补偿和工伤康复三位一体的工伤保险制度体系就很好地形成，有利于促进工伤保险制度的事后补偿与事前预防并重的良性循环，从根本上保障了职工的工伤权益。

3. 工伤保险的原则是什么？

（1）强制性原则

由于工伤会给职工带来痛苦，给家庭带来不幸，也于用人单位乃至国家不利，因此国家通过立法，强制实施工伤保险，规定属于覆盖范围的用人单位必须依法参加并履行缴费义务。

（2）无过错补偿原则

工伤事故发生后，不管过错在谁，工伤职工均可获得补偿，以保障其及时获得救治和基本生活保障。但这并不妨碍有关部门对事故责任人的追究，以防止类似事故的重复发生。

（3）个人不缴费原则

这是工伤保险与养老、医疗、失业等其他社会保险项目的区别之处。由于职业伤害是在工作过程中造成的，劳动力是生产的要素，职工为用人单位创造财富的同时付出了代价，所以理应由用人单位负担全部工伤保险费，职工个人不缴纳任何费用。

（4）风险分担、互助互济原则

通过法律强制征收保险费，建立工伤保险基金，采取互助互济的方法，分散风险，缓解部分企业、行业因工伤事故或职业病所产生的负担，从而减少社会矛盾。

（5）实行行业差别费率和浮动费率原则

为强化不同工伤风险类别行业相对应的雇主责任，充分发挥缴费费率的经济杠杆作用，促进工伤预防，减少工伤事故，工伤保险实行行业差别费率，并根据用人单位工伤保险支缴率和工伤事故发生率等因素实行浮动费率。

（6）补偿与预防、康复相结合的原则

工伤补偿、工伤预防与工伤康复三者是密切相连的，构成了工伤保险制度的三个支柱。工伤预防是工伤保险制度的重要内容，工伤保险制度致力于采取各种措施，以减少和预防事故的发生。工伤事故发生后，及时对工伤职工予以医治并给予经济补偿，使工伤职工本人或家族成员生活得到一定的保障，是工伤保险制度的基本功能。同时，要及时对工伤职工进行医学康复和职业康复，使其尽可能恢复或部分恢复劳动能力，具备从事某种职业的能力，能够自食其力，这可以减少人力资源和社会资源的浪费。

（7）一次性补偿与长期补偿相结合原则

对工伤职工或工亡职工的近亲属，工伤保险待遇实行一次性补偿与长期补偿相结合的办法。如对高伤残等级的职工、工亡职工的近亲属，工伤保险机构一般在支付一次性补偿项目的同时，还按月支付长期待遇，直至其失去供养条件为止。这种一次性和长期补偿相结合的补偿办法，可以长期、有效地保障工伤职工及工亡职工近亲属的基本生活。

4. 我国工伤保险制度的适用范围是什么？

《工伤保险条例》规定，中华人民共和国境内的企业、事业单位、社会团体、民办非企业单位、基金会、律师事务所、会计师事务所等组织和有雇工的个体工商户（统称为用人单位）应当依照本条例规定参加工伤保险，为本单位全部职工或者雇工（统称为职工）缴纳工伤保险费。中华人民共和国境内的企业、事业单位、社会团体、民办非企业单位、基金会、律师事务所、会计师事务所等组织的职工和个体工商户的雇工，均有依照《工伤保险

条例》的规定享受工伤保险待遇的权利。

《工伤保险条例》所规定的"企业",包括在中国境内的所有形式的企业,按照所有制划分,有国有企业、集体所有制企业、私营企业、外资企业;按照所在地域划分,有城镇企业、乡镇企业;按照企业的组织结构划分,有公司、合伙企业、个人独资企业、股份制企业等。

5. 为什么工伤保险费由用人单位或雇主缴纳?

工伤保险费是由用人单位或雇主按国家规定的费率缴纳的,职工个人不缴纳任何费用,这是工伤保险与基本养老保险、基本医疗保险等其他社会保险项目的不同之处。个人不缴纳工伤保险费,体现了工伤保险的严格雇主责任。

随着经济、社会的发展,世界各国已达成共识,认为职工在为用人单位创造财富、为社会做出贡献的同时,还冒着付出健康和鲜血的代价。因此,由用人单位缴纳工伤保险费是完全必要和合理的。我国《工伤保险条例》规定,用人单位应当按时缴纳工伤保险费,职工个人不缴纳工伤保险费。用人单位缴纳工伤保险费的数额为本单位职工工资总额乘以单位缴费费率之积。对难以按照工资总额缴纳工伤保险费的行业,其缴纳工伤保险费的具体方式,由国务院社会保险行政部门规定。

6. 什么情形应当认定为工伤、视同工伤和不得认定为工伤?

《工伤保险条例》对工伤的认定作出了明确规定。

（1）应当认定为工伤的情形

1）在工作时间和工作场所内，因工作原因受到事故伤害的。

2）工作时间前后在工作场所内，从事与工作有关的预备性或者收尾性工作受到事故伤害的。

3）在工作时间和工作场所内，因履行工作职责受到暴力等意外伤害的。

4）患职业病的。

5）因工外出期间，由于工作原因受到伤害或者发生事故下落不明的。

6）在上下班途中，受到非本人主要责任的交通事故或者城市轨道交通、客运轮渡、火车事故伤害的。

7）法律、行政法规规定应当认定为工伤的其他情形。

（2）视同工伤的情形

1）在工作时间和工作岗位，突发疾病死亡或者在 48 小时之内经抢救无效死亡的。

2）在抢险救灾等维护国家利益、公共利益活动中受到伤害的。

3）职工原在军队服役，因战、因公负伤致残，已取得革命伤残军人证，到用人单位后旧伤复发的。

职工有上述第 1）项、第 2）项情形的，按照《工伤保险条例》有关规定享受工伤保险待遇；职工有上述第 3）项情形的，按照《工伤保险条例》的有关规定享受除一次性伤残补助金以外的工伤保险待遇。

（3）不得认定为工伤的情形

职工符合前述规定，但是有下列情形之一的，不得认定为工伤或者视同工伤：

1）故意犯罪的。

2）醉酒或者吸毒的。

3）自残或者自杀的。

 相关链接

田某在某市铸造厂从事铸造工作。某日，车间主任派他到该厂另外一车间拿工具。在返回工作岗位途中,田某被该厂建筑工地坠落的砖块砸伤头部,当即被送往医院救治,后被诊断为脑挫裂伤。出院后,田某向单位申请工伤保险待遇,但是单位认为他不是在本职岗位受伤,因此不能享受工伤保险待遇。田某遂向当地社会保险行政部门投诉,要求认定其为工伤。

当地社会保险行政部门经调查后认为:虽然田某的致伤地点不是本职岗位,但他是受领导(车间主任)指派离开本职岗位到另一车间拿工具的,故其受伤地点应属于工作场所。这一事故具有一般工伤事故应具备的"三工"要素,即在工作时间、工作地点,因工作原因而受伤。因此,当地社会保险行政部门认定田某为工伤,并责成单位按规定给予田某相应的工伤保险待遇。

7. 申请工伤认定的主要流程有哪些?

(1)发生工伤

职工发生工伤事故,或被诊断、鉴定为职业病。

(2)提出工伤认定申请

职工所在单位应当自职工事故伤害发生之日或者职工被诊断、鉴定为职业病之日起 30 日内,向统筹地区社会保险行政部门提出工伤认定申请。

用人单位未按规定提出工伤认定申请的,工伤职工或者其近亲属、工会组织在事故伤害发生之日或者被诊断、鉴定为职业病之日起 1 年内，可以直接向用人单位所在地统筹地区社会保险行政部门提出工伤认定申请。

（3）备齐申请材料

1）工伤认定申请表。

2）与用人单位存在劳动关系（包括事实劳动关系）的证明材料。

3）医疗诊断证明或者职业病诊断证明书（或者职业病诊断鉴定书）。

其中，工伤认定申请表应当包括事故发生的时间、地点、原因以及职工伤害程度等基本情况。

（4）社会保险行政部门受理

申请材料完整，属于社会保险行政部门管辖范围且在受理时效内的，应当受理。申请材料不完整的，社会保险行政部门应当一次性书面告知工伤认定申请人需要补正的全部材料。

（5）作出工伤认定

社会保险行政部门应当自受理工伤认定申请之日起 60 日内作出工伤认定的决定，并书面通知申请工伤认定的职工或者其近亲属和该职工所在单位。

8. 申请劳动能力鉴定的主要流程有哪些？

（1）职工伤情基本稳定，进行劳动能力鉴定

职工发生工伤，经治疗伤情相对稳定后存在残疾、影响劳动能力的，应当进行劳动能力鉴定。

（2）备齐材料，提出申请

劳动能力鉴定由用人单位、工伤职工或者其近亲属向设区的市级劳动能力鉴定委员会提出申请，并提供工伤认定决定和职工工伤医疗的有关资料。

（3）接受申请，作出鉴定结论

设区的市级劳动能力鉴定委员会应当自收到劳动能力鉴定申请之日起 60 日内作出劳动能力鉴定结论，必要时，作出劳动能力鉴定结论的期限可以延长 30 日。劳动能力鉴定结论应当及时送达申请鉴定的单位和个人。

（4）存在异议，可向上级部门提出再次鉴定申请

申请鉴定的单位或者个人对设区的市级劳动能力鉴定委员会作出的鉴定结论不服的，可以在收到该鉴定结论之日起 15 日内向省、自治区、直辖市劳动能力鉴定委员会提出再次鉴定申请。省、自治区、直辖市劳动能力鉴定委员会作出的劳动能力鉴定结论为最终结论。

（5）伤残情况发生变化，可申请劳动能力复查鉴定

自劳动能力鉴定结论作出之日起 1 年后，工伤职工或者其近亲属认为伤残情况发生变化的，可以申请劳动能力复查鉴定。

9. 工伤保险待遇主要包括哪些？

《工伤保险条例》中规定的工伤保险待遇主要如下：

（1）工伤医疗及康复待遇

包括工伤治疗及相关补助待遇、工伤康复待遇、辅助器具的

安装配置待遇等。

（2）停工留薪期待遇

职工因工作遭受事故伤害或者患职业病需要暂停工作接受工伤医疗的，在停工留薪期内，原工资福利待遇不变，由所在单位按月支付。停工留薪期一般不超过 12 个月。伤情严重或者情况特殊，经设区的市级劳动能力鉴定委员会确认，可以适当延长，但延长不得超过 12 个月。生活不能自理的工伤职工在停工留薪期需要护理的，由所在单位负责。

（3）伤残待遇

根据工伤发生后劳动能力鉴定确定的劳动功能障碍程度和生活自理障碍程度的等级不同，工伤职工可享受相应的一次性伤残补助金、伤残津贴、一次性工伤医疗补助金、一次性伤残就业补助金及生活护理费等。

（4）工亡待遇

职工因工死亡，其近亲属按照规定从工伤保险基金领取丧葬补助金、供养亲属抚恤金和一次性工亡补助金。

10. 为什么要做好工伤预防？

工伤预防是建立健全工伤预防、工伤补偿和工伤康复"三位一体"工伤保险制度的重要内容，是指事先防范职业伤亡事故以及职业病的发生，减少事故及职业病的隐患，改善和创造有利于健康的、安全的生产环境和工作条件，保护职工生产、工作环境中的安全和健康。工伤预防的措施主要包括工程技术措施、教育措施和管理措施。

职工在劳动保护和工伤保险方面的权利与义务是基本一致的。在劳动关系中,获得劳动保护是职工的基本权利,工伤保险是其劳动保护权利的延续。职工有权获得保障其安全健康的劳动条件,同时也有义务严格遵守安全操作规程,遵章守纪,预防职业伤害发生。

当前国际上,现代工伤保险制度已经把事故预防放在优先位置。我国修改后的《工伤保险条例》也把工伤预防定为工伤保险三大任务之一,从而逐步改变了过去重补偿、轻预防的模式。因此,那种"工伤有保险,出事有人赔,只管干活挣钱"的说法,显然是错误的。工伤赔偿是发生职业伤害后的救助措施,不能挽回失去的生命和复原残疾的身体。职工只有加强安全生产,才能保障自身的安全;只有做好工伤预防,才能保障自身的健康。生命安全和身体健康才是职工的最大利益,用人单位和职工要永远共同坚持"安全第一、预防为主、综合治理"的方针。

11. 为什么要安全生产?

安全生产是党和国家在生产建设中一贯的指导思想和重要方针,是全面落实习近平新时代中国特色社会主义思想,构建社会主义和谐社会的必然要求。

安全生产的根本目的是保障职工在生产过程中的安全和健康。安全生产是安全与生产的统一,安全促进生产,生产必须安全,没有安全就无法正常进行生产。搞好安全生产工作,改善劳动条件,减少职工伤亡与财产损失,不仅可以增加企业效益,促进企

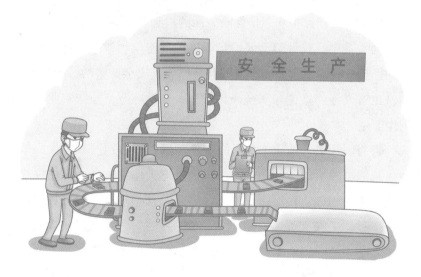

业健康发展，而且还可以促进社会和谐，保障经济建设安全进行。

《中华人民共和国安全生产法》（以下简称《安全生产法》）是我国安全生产的专门法律、基本法律，是我国职业安全法律体系的核心，自 2002 年 11 月 1 日起实施。《安全生产法》明确规定安全生产应当以人为本，坚持人民至上、生命至上，把保护人民生命安全摆在首位，树牢安全发展理念，坚持"安全第一、预防为主、综合治理"的方针。强化和落实生产经营单位的主体责任与政府监管责任，建立生产经营单位负责、职工参与、政府监管、行业自律和社会监督的工作机制。这是党和国家对安全生产工作的总体要求，企业和从业人员在劳动生产过程中必须严格遵循这一基本方针。

"安全第一"说明和强调了安全的重要性。人的生命是至高无上的，每个人的生命只有一次，要珍惜生命、爱护生命、保护生命。事故意味着对生命的摧残与毁灭，因此，在生产活动中，应把保护人民生命安全摆在首位，坚持最优先考虑人的生命安全。"预防为主"是指安全工作的重点应放在预防事故的发生上，按照系统工程理论，根据事故发展的规律和特点，预防事故发生。安全工作应当做在生产活动之前，事先就充分考虑事故发生的可能性，并自始至终采取有效措施以防止和减少事故。"综合治理"是指要自觉遵循安全生产规律，抓住安全生产工作中的主要矛盾和关键环节。要标本兼治，重在治本，采取各种管理手段预防事故发生。实现治标的同时，研究治本的方法。综合运用科技、经济、法律、行政等手段，并充分发挥社会、职工、舆论的监督作用，从各个方面着手解决影响安全生产的深层次问题，做到思想上、制度上、技术上、监督检查上、事故处理上和应急救援上的综合管理。

法律提示

《中华人民共和国宪法》第四十二条第一款、第二款规定，中华人民共和国公民有劳动的权利和义务。国家通过各种途径，创造劳动就业条件，加强劳动保护，改善劳动条件，并在发展生产的基础上，提高劳动报酬和福利待遇。

12. 应注意杜绝哪些不安全行为？

一般地说，凡是能够或可能导致事故发生的人为失误均属于不安全行为。《企业职工伤亡事故分类》（GB 6441—1986）中规定的 13 大类不安全行为如下：

（1）未经许可开动、关停、移动机器；开动、关停机器时未给信号；开关未锁紧，造成意外转动、通电或泄漏等；忘记关闭设备；忽视警告标志、警告信号；操作错误（指按钮、阀门、扳手、把柄等的操作）；奔跑作业；供料或送料速度过快；机器超速运转；违章驾驶机动车；酒后作业；客货混载；冲压机作业时，手伸进冲压模；工件紧固不牢；用压缩空气吹铁屑等。

（2）安全装置被拆除、堵塞，或因调整错误造成安全装置失效。

（3）临时使用不牢固的设施或无安全装置的设备等。

（4）用手代替手动工具；用手清除切屑；不用夹具固定，用手拿工件进行机加工。

（5）成品、半成品、材料、工具、切屑和生产用品等存放不当。

（6）冒险进入危险场所（如，平台护栏、汽车挡板、吊车吊钩）。

（7）攀、坐不安全位置。

（8）在起吊物下作业、停留。

（9）机器运转时进行加油、修理、检查、调整、焊接、清扫等。

（10）有分散注意力的行为。

（11）在必须使用劳动防护用品、用具的作业或场合中，忽视其使用。

（12）在有旋转零部件的设备旁作业时穿肥大服装，操纵带有旋转零部件的设备时戴手套等。

（13）对易燃易爆等危险物品处理错误。

 血的教训

　　一天，某厂生产一班给矿皮带工张某、和某两人打扫4号给矿皮带附近的场地，清理积矿。当张某清扫完非人行道上的积矿后，准备到人行道上帮助和某清扫。为图方便，张某拿着1.7米长的铁锹违章从4号给矿皮带与5号给矿皮带之间穿越（当时，4号给矿皮带正以每秒2米的速度运行，5号给矿皮带已停运）。张某手里拿的铁锹触及4号给矿皮带的增紧轮，铁铲和人一起被卷到了皮带增紧轮上。铁铲的木柄被折成两段弹了出去，而张某的头部被顶在增紧轮外的支架上，在高速运转的皮带挤压下，头骨破裂，当场死亡。

这起事故的直接原因是张某安全意识淡薄，自我保护意识极差，严重违反了皮带操作工安全操作规程中关于"严禁穿越皮带"的规定。事后据调查，张某曾多次违章穿越皮带，属习惯性违章。正是他的违章行为，导致了这次伤亡事故的发生。

这起事故给人们的教训是，企业应设置有效的安全防护设施，提高设备的本质安全水平。同时，对职工要加强教育，增强其安全意识，杜绝不安全行为。

第2章
权利义务

13. 职工工伤保险和工伤预防的权利主要体现在哪些方面?

职工工伤保险和工伤预防的权利主要体现在以下几个方面:

(1)有权获得劳动安全卫生的教育和培训,了解所从事的工作可能对身体健康造成的危害和可能发生的不安全事故。

(2)有权获得保障自身安全健康的劳动条件和劳动防护用品。

(3)有权对用人单位管理人员违章指挥、强令冒险作业予以拒绝。

(4)有权对危害生命安全和身体健康的行为提出批评、检举和控告。

(5)从事职业危害作业的职工有权获得定期健康检查。

（6）发生工伤时，有权得到抢救治疗。

（7）发生工伤后，职工或其近亲属有权向当地社会保险行政部门申请工伤认定和享受工伤保险待遇。

（8）工伤职工有权依法享受有关工伤保险待遇。

小张，你还能回来工作呀？

是的！经过工伤康复训练，我可以胜任工作岗位了。

（9）工伤职工发生伤残，有权提出劳动能力鉴定申请和再次鉴定申请。自劳动能力鉴定结论作出之日起一年后，工伤职工或者近亲属认为伤残情况发生变化的，可以申请劳动能力复查鉴定。

（10）因工致残尚有工作能力的职工，在就业方面应得到特殊保护。依照法律规定，用人单位对因工致残的职工不得解除劳动合同，并应根据不同情况安排适当工作。在建立和发展工伤康复事业的情况下，工伤职工应当得到职业康复培训和再就业帮助。

（11）职工与用人单位发生工伤待遇方面的争议，按照处理劳动争议的有关规定处理；职工对工伤认定结论不服或对经办机构核定的工伤保险待遇有异议的，可以依法申请行政复议，也可以依法向人民法院提起行政诉讼。

14. 什么是安全生产的知情权和建议权？

在生产劳动过程中，往往存在着一些危害职工安全和健康的因素。职工有权了解其作业场所和工作岗位与安全生产有关的情况：一是存在的危险因素；二是防范措施；三是事故应急措施。职工对于安全生产的知情权，是保护其生命健康权的重要前提。如果职工知道并且掌握有关安全生产的知识和处理办法，就可以消除许多不安全因素和事故隐患，避免或者减少事故的发生。

同时，职工对本单位的安全生产工作有建议权。安全生产工作涉及职工的生命安全和身体健康。因此，职工有权参与用人单位的民主管理，并且通过参与这样的民主管理，充分调动其关心安全生产的积极性与主动性，为本单位的安全生产工作献计献策、提出意见与建议。

15. 什么是安全生产的批评、检举、控告权？

这里的批评权，是指职工对本单位安全生产工作中存在的问题提出批评的权利。这一权利规定有利于职工对用人单位的生产经营进行群众监督，促使生产经营单位不断改进本单位的安全生产工作。

这里的检举权、控告权，是指职工对本用人单位及有关人员

违反安全生产法律法规的行为，有向主管部门和司法机关进行检举和控告的权利。检举可以署名，也可以不署名；可以用书面形式，也可以用口头形式。但是，职工在行使这一权利时，应注意检举和控告的情况必须真实，要实事求是。此外，法律明令禁止对检举者和控告者进行打击报复。

16. 女职工依法享有哪些特殊劳动保护权利？

女职工的身体结构和生理特点决定其应受到特殊劳动保护。女职工的体力一般比男职工差，特别是女职工在"五期"（经期、孕期、产期、哺乳期、围绝经期）有特殊的生理变化，所以女职工对工业生产过程中的有毒有害因素一般比男职工更敏感。另外，高噪声、剧烈振动、放射性物质等都会对女性生殖机能和身体产生有害影响。因此，要做好和加强女职工的特殊劳动保护工作，避免和减少生产劳动过程给女职工带来危害。

《女职工劳动保护特别规定》经 2012 年 4 月 18 日国务院第 200 次常务会议通过，由国务院令第 619 号公布施行。该规定对女职工的特殊劳动保护作出以下要求：

（1）用人单位应当加强女职工劳动保护，采取措施改善女职工劳动安全卫生条件，对女职工进行劳动安全卫生知识培训。

（2）用人单位应当遵守女职工禁忌从事的劳动范围的规定。用人单位应当将本单位属于女职工禁忌从事的劳动范围的岗位书面告知女职工。

（3）用人单位不得因女职工怀孕、生育、哺乳降低其工资、予以辞退、与其解除劳动或者聘用合同。

（4）女职工在孕期不能适应原劳动的，用人单位应当根据医疗机构的证明，予以减轻劳动量或者安排其他能够适应的劳动。对怀孕 7 个月以上的女职工，用人单位不得延长劳动时间或者安排夜班劳动，并应当在劳动时间内安排一定的休息时间。怀孕女职工在劳动时间内进行产前检查，所需时间计入劳动时间。

（5）女职工生育享受 98 天产假，其中产前可以休假 15 天；难产的，增加产假 15 天；生育多胞胎的，每多生育 1 个婴儿，增加产假 15 天。女职工怀孕未满 4 个月流产的，享受 15 天产假；怀孕满 4 个月流产的，享受 42 天产假。

（6）女职工产假期间的生育津贴：对已经参加生育保险的，按照用人单位上年度职工月平均工资的标准由生育保险基金支付；对未参加生育保险的，按照女职工产假前工资的标准由用人单位

支付。女职工生育或者流产的医疗费用，按照生育保险规定的项目和标准，对已经参加生育保险的，由生育保险基金支付；对未参加生育保险的，由用人单位支付。

（7）对哺乳未满1周岁婴儿的女职工，用人单位不得延长劳动时间或者安排夜班劳动。用人单位应当在每天的劳动时间内为哺乳期女职工安排1小时哺乳时间；女职工生育多胞胎的，每多哺乳1个婴儿每天增加1小时哺乳时间。

（8）女职工比较多的用人单位应当根据女职工的需要，建立女职工卫生室、孕妇休息室、哺乳室等设施，妥善解决女职工在生理卫生、哺乳方面的困难。

（9）在劳动场所，用人单位应当预防和制止对女职工的性骚扰。

（10）用人单位违反有关规定，侵害女职工合法权益的，女职工可以依法投诉、举报、申诉，依法向劳动人事争议调解仲裁机构申请调解仲裁，对仲裁裁决不服的，可以依法向人民法院提起诉讼。

 法律提示

（1）女职工禁忌从事的劳动范围如下：

1）矿山井下作业。

2）体力劳动强度分级标准中规定的第四级体力劳动强度的作业。

3）每小时负重6次以上、每次负重超过20千克的作业，或者间断负重、每次负重超过25千克的作业。

（2）女职工在经期禁忌从事的劳动范围如下：

1）冷水作业分级标准中规定的第二级、第三级、第四级冷水作业。

2）低温作业分级标准中规定的第二级、第三级、第四级低温作业。

3）体力劳动强度分级标准中规定的第三级、第四级体力劳动强度的作业。

4）高处作业分级标准中规定的第三级、第四级高处作业。

（3）女职工在孕期禁忌从事的劳动范围如下：

1）作业场所空气中铅及其化合物、汞及其化合物、苯、镉、铍、砷、氰化物、氮氧化物、一氧化碳、二硫化碳、氯、己内酰胺、氯丁二烯、氯乙烯、环氧乙烷、苯胺、甲醛等有毒物质浓度超过国家职业卫生标准的作业。

2）从事抗癌药物、己烯雌酚生产，接触麻醉剂气体等的作业。

3）非密封源放射性物质的操作，核事故与放射事故的应急处置。

4）高处作业分级标准中规定的高处作业。

5）冷水作业分级标准中规定的冷水作业。

6）低温作业分级标准中规定的低温作业。

7）高温作业分级标准中规定的第三级、第四级的作业。

8）噪声作业分级标准中规定的第三级、第四级的作业。

9）体力劳动强度分级标准中规定的第三级、第四级体力劳动强度的作业。

10）在密闭空间、高压室作业或者潜水作业，伴有强烈振动的作业，或者需要频繁弯腰、攀高、下蹲的作业。

（4）女职工在哺乳期禁忌从事的劳动范围如下：

1）孕期禁忌从事的劳动范围的第1）项、第3）项、第9）项。

2）作业场所空气中锰、氟、溴、甲醇、有机磷化合物、有机氯化合物等有毒物质浓度超过国家职业卫生标准的作业。

17. 为什么未成年工享有特殊劳动保护权利？

未成年工依法享有特殊劳动保护的权利。这是针对未成年工处于生长发育期的特点所采取的特殊劳动保护措施。

　　未成年工处于生长发育期，身体机能尚未健全，也缺乏生产知识和生产技能，过重及过度紧张的劳动、不良的工作环境、不适的劳动工种或劳动岗位，都会对他们产生不利影响，如果劳动过程中不进行特殊保护就会损害他们的身体健康。

　　例如，未成年女工长期从事负重作业和立位作业，可影响骨盆正常发育，导致其成年后生育难产发病率增高；未成年工对生产性毒物敏感性较高，长期从事有毒有害作业易引起职业中毒，影响其生长发育。

 法律提示

　　《中华人民共和国劳动法》第五十八条第二款规定，未成年工是指年满十六周岁未满十八周岁的劳动者。

　　第六十四条规定，不得安排未成年工从事矿山井下、有毒有害、国家规定的第四级体力劳动强度的劳动和其他禁忌从事的劳动。

　　第六十五条规定，用人单位应当对未成年工定期进行健康检查。

　　关于未成年工其他特殊劳动保护政策和未成年工禁忌作业范围的规定，可查阅《中华人民共和国未成年人保护法》《未成年工特殊保护规定》等。

18. 签订劳动合同时应注意哪些事项？

劳动者在上岗前应和用人单位依法签订劳动合同，建立明确的劳动关系，确定双方的权利和义务。关于劳动保护和安全生产，在签订劳动合同时应注意两方面的问题：第一，在合同中要载明保障劳动者劳动安全、防止职业危害的事项；第二，在合同中要载明依法为劳动者办理工伤保险的事项。

遇有以下合同不要签：

（1）"生死合同"

在危险性较高的行业，用人单位往往在合同中写上一些逃避责任的条款，如"发生伤亡事故，单位概不负责"等。

（2）"暗箱合同"

这类合同隐瞒工作过程中的职业危害，或者采取欺骗手段剥夺劳动者的合法权利。

（3）"霸王合同"

有的用人单位与劳动者签订劳动合同时，只强调自身的利益，无视劳动者依法享有的权益，不容许劳动者提出意见，甚至规定"本合同条款由用人单位解释"等。

（4）"卖身合同"

这类合同要求劳动者无条件听从用人单位安排，用人单位可以任意安排加班加点、强迫劳动，使劳动者完全失去人身自由。

（5）"双面合同"

一些用人单位在与职工签订合同时准备了两份合同，一份合同用来应付有关部门的检查，一份用来约束劳动者。

 法律提示

《安全生产法》规定，生产经营单位与从业人员订立的劳动合同，应当载明有关保障从业人员劳动安全、防止职业危害的事项，以及依法为从业人员办理工伤保险的事项。生产经营单位不得以任何形式与从业人员订立协议，免除或者减轻其对从业人员因生产安全事故伤亡依法应承担的责任。

19. 职工工伤保险和工伤预防的义务主要有哪些?

权利与义务是对等的，有相应的权利，就有相应的义务。职工在工伤保险和工伤预防方面的义务主要如下：

（1）职工有义务遵守劳动纪律和用人单位的规章制度，做好本职工作和被临时指定的工作，服从本单位负责人的工作安排和指挥。

（2）职工在劳动过程中必须严格遵守安全操作规程，正确使用劳动防护用品，接受劳动安全卫生教育和培训，配合用人单位积极预防事故和职业病。

（3）职工或其近亲属报告工伤和申请工伤保险待遇时，有义务如实反映发生事故和职业病的有关情况及工资收入、家庭有关情况；当有关部门调查取证时，应当给予配合。

（4）除紧急情况外，发生工伤的职工应当到工伤保险签订服务协议的医疗机构进行治疗，对于治疗、康复、评残要接受有关机构的安排，并给予配合。

20. 为什么职工必须按规定佩戴和使用劳动防护用品？

职工在劳动生产过程中应履行按规定佩戴和使用劳动防护用品的义务。

按照法律法规的规定，为保障人身安全，用人单位必须为职工提供必要的、安全的劳动防护用品，以避免或者减轻作业中的人身伤害。但在实践中，一些职工缺乏安全知识，心存侥幸或嫌麻烦，往往不按规定佩戴和使用劳动防护用品，由此引发的人身伤害事故时有发生。另外，有的职工由于不会或者没有正确使用劳动防护用品，同样也难以避免受到人身伤害。因此，正确佩戴和使用劳动防护用品是职工必须履行的法定义务，这是保障职工人身安全和用人单位安全生产的需要。

 血的教训

　　某日下午，某水泥厂包装工在进行倒料作业。包装工王某因脚穿拖鞋，行动不便，重心不稳，左脚踩进螺旋输送机上部 10 厘米宽的缝隙内，正在运行的机器将其脚和腿绞了进去。王某大声呼救，其他人员见状立即停车并反转盘车，才将王某的脚和腿退出。尽管王某被迅速送到医院救治，仍造成左腿高位截肢。

造成这起事故的直接原因是王某未按规定穿工作鞋，而是穿着拖鞋，在凹凸不平的机器上行走，失足踩进机器缝隙。这起事故说明，上班时间职工必须按规定佩戴和使用劳动防护用品，绝不允许穿着拖鞋上岗操作。一旦发现这种违章行为，班组长以及其他职工应该及时纠正。

21. 为什么职工应当接受安全教育和培训？

不同企业、不同工作岗位和不同的生产设施设备具有不同的安全技术特性和要求。随着高新技术装备的大量使用，企业对职工的安全素质要求越来越高。职工安全意识和安全技能的高低，直接关系企业生产活动的安全可靠性。职工需要具有系统的安全

知识、熟练的安全生产技能，以及对不安全因素和事故隐患、突发事故的预防、处理能力和经验。要适应企业生产活动的需要，职工必须接受专门的安全生产教育和业务培训，不断提高自身的安全生产技术知识和能力。

22. 发现事故隐患应该怎么办？

职工往往属于事故隐患和不安全因素的第一当事人。许多生产安全事故正是由于职工在作业现场发现事故隐患和不安全因素后，没有及时报告，以致延误了采取措施进行紧急处理的时机，最终酿成惨剧。相反，如果职工尽职尽责，及时发现并报告事故隐患和不安全因素，使之得到及时、有效的处理，就完全可以避免事故发生和降低事故损失。所以，发现事故隐患并及时报告是贯彻"安全第一、预防为主、综合治理"方针，加强事前防范的重要措施。

第**3**章
化工危险化学品
基础知识

23. 什么是危险化学品?

凡具有爆炸、燃烧、毒害、腐蚀、放射性等危险特性,在生产、储存、运输、经营、使用过程中可能发生化学安全事故造成人员伤亡、财产损毁或环境污染,需要特别防护的化学品,统称危险化学品。危险化学品在运输过程中被称为危险货物。

关于危险化学品比较严格的定义是:"化学品中符合有关危险化学品(物质)分类标准规定的化学品(物质)属于危险化学品。"目前,国际通用的危险化学品分类标准有两个:一是《联合国危险货物运输建议书》规定了9类危险化学品的鉴别指标;二是危险化学品鉴别分类的国际协调系统(GHS)规定了26类危险化学品的鉴别指标和测定方法,这一指标已被先进工业国接受,

凡具有爆炸、燃烧、毒害、腐蚀、放射性等危险特性，在生产、储存、运输、经营、使用过程中可能发生化学安全事故造成人员伤亡、财产损毁或环境污染，需要特别防护的化学品，统称危险化学品。

但尚未形成全球共识。我国国内标准也有两个：一是《化学品分类和危险性公示　通则》（GB 13690—2009）；二是《危险货物分类和品名编号》（GB 6944—2012），该标准节选自《联合国危险货物运输建议书》，没有包括实验测定方法及一些附加说明。具有实际操作意义的定义是："国家安全生产监督管理总局公布的《危险化学品名录》（以下简称《名录》）中的化学品是危险化学品。"除了已公认不是危险化学品的物质（如纯净食品、水、食盐等）之外，《名录》中未列的化学品一般应经实验加以鉴别认定。符合标准规定的危险化学品一般都以它们的燃烧性、爆炸性、毒性、反应活性（包括腐蚀性）为衡量指标。

相关链接

具体统计数据显示，我国已生产和上市销售的现有化学物质大约有4.5万种，其中约有3 700种属于危险化学品，有300多种属于剧毒化学品。作为一个化学品进出口大国，我国大约有100多种化学产品世界产量第一。

 法律提示

《危险化学品安全管理条例》第三条规定：本条例所称危险化学品，是指具有毒害、腐蚀、爆炸、燃烧、助燃等性质，对人体、设施、环境具有危害的剧毒化学品和其他化学品。

《危险化学品目录》由国务院安全生产监督管理部门会同国务院工业和信息化、公安、环境保护、卫生、质量监督检验检疫、交通运输、铁路、民用航空、农业主管部门，根据化学品危险特性的鉴别和分类标准确定、公布，并适时调整。

24. 危险化学品如何分类？

目前，我国的危险化学品分类的主要依据是《化学品分类和危险性公示　通则》（GB 13690—2009）和《危险货物分类和品名编号》（GB 6944—2012）。

《化学品分类和危险性公示　通则》（GB 13690—2009）按照

理化危险对化学品做出了以下分类：

（1）爆炸物。

（2）易燃气体。

（3）易燃气溶胶。

（4）氧化性气体。

（5）压力下气体。

（6）易燃液体。

（7）易燃固体。

（8）自反应物质或混合物。

（9）自燃液体。

（10）自燃固体。

（11）自热物质和混合物。

（12）遇水放出易燃气体的物质或混合物。

（13）氧化性液体。

（14）氧化性固体。

（15）有机过氧化物。

（16）金属腐蚀剂。

《危险货物分类和品名编号》（GB 6944—2012）按危险货物具有的危险性或最主要的危险性分为 9 个类别。

第 1 类是爆炸品。第 1 项：有整体爆炸危险的物质和物品；第 2 项：有迸射危险，但无整体爆炸危险的物质和物品；第 3 项：有燃烧危险并有局部爆炸危险或局部迸射危险或这两种危险都有，但无整体爆炸危险的物质和物品；第 4 项：不呈现重大危险的非常不敏感物质；第 5 项：有整体爆炸危险的非常不敏感物质；第 6

项：无整体爆炸危险的极端不敏感物品。

第2类是气体。第1项：易燃气体；第2项：非易燃无毒气体；第3项：毒性气体。

第3类是易燃液体。

第4类是易燃固体、易于自燃的物质、遇水放出易燃气体的物质。第1项：易燃固体、自反应物质和固体退敏爆炸品；第2项：易于自燃的物质；第3项：遇水放出易燃气体的物质。

第5类是氧化性物质和有机过氧化物。第1项：氧化性物质；第2项：有机过氧化物。

第6类是毒性物质和感染性物质。第1项：毒性物质；第2项：感染性物质。

第7类是放射性物质。

第8类是腐蚀性物质。

第9类是杂项危险物质和物品，包括危害环境物质。

 相关链接

现在我国已公布的常用危险化学品有4 000多种，如溴素、硫酸、盐酸、液氯、二氧化硫等都属于危险化学品。

 知识学习

目前，危险化学品的分类方法主要有：

（1）对于现有化学品，可以根据《化学品分类和危险性

公示　通则》（GB 13690—2009）和《危险货物品名表》（GB 12268—2012）两个标准来确定其危险性类别和项别。

（2）对于新化学品，应首先检索文献，利用文献数据对其危险性进行初步评价，然后进行针对性实验；对于没有文献资料的危险品，需要进行全面的物化性质、毒性、燃爆、环境方面的试验，然后依据《化学品分类和危险性公示　通则》（GB 13690—2009）和《危险货物分类和品名编号》（GB 6944—2012）两个标准进行分类。

（3）对于混合物，其燃烧爆炸危险性数据可以通过实验获得，但毒性数据的获取则需要较长时间，费用也较高，因此进行全面实验并不现实。为此可采用推算法对混合物的毒性进行推算。

25. 什么是危险化学品标志？

危险货物包装标志是货物运输包装中的一种特殊标志，用统一规定的图案和文字来显示出货物的危险性质。在装卸、运输、储存过程中要注意危险货物的标志，按其性质采取相应的安全措施，确保货物、人员安全。《危险货物包装标志》（GB 190—2009）规定了危险货物包装图示标志的分类图形、尺寸、颜色及使用方法等。标志分为标记和标签，标记4个，标签26个，其图形分别标示了9类危险货物的主要特性。

法律提示

> 《化学品分类和危险性公示 通则》（GB 13690—2009）
> 和《危险货物包装标志》（GB 190—2009）规定了危险货物
> （化学品）的分类、危险性以及包装标志。

26. 危险化学品标志如何使用？

当某种危险化学品具有一种以上的危险性时，应用主标志表示主要危险性类别，并用副标志来表示重要的其他的危险性类别。如丙烯腈具有易燃性质和有毒性质，醋酸具有易燃性质和腐蚀性质。丙烯腈主要危险性质是易燃，主标志是易燃液体标志，副标志是有毒标志。醋酸主要危险性是易腐蚀，主标志是腐蚀标志，副标志是易燃标志。标志的使用方法如下：

（1）可采用粘贴、钉附及喷涂等方法打标。

（2）箱状包装，标志应位于包装端面或侧面的明显处；袋、捆包装，标志应位于包装明显处；桶形包装，标志应位于桶身或桶盖；集装箱、成组货物，粘贴四个侧面。应由生产单位在货物出厂前打标，出厂后如改换包装，应由改换包装单位打标。

 法律提示

《危险化学品安全管理条例》第二十条规定：生产、储存危险化学品的单位，应当在其作业场所和安全设施、设备上设置明显的安全警示标志。

27. 化学品安全标签的内容有哪些?

（1）化学品标识

化学品标识用中文和英文分别标明化学品的化学名称或通用名称。名称要求醒目清晰，位于标签的上方，并且应与《化学品安全技术说明书》中的名称一致。

对混合物应标出对其危险性分类有贡献的主要组分或通用名、浓度或浓度范围。当需要标出的组分较多时，组分个数以不超过5个为宜。对于属于商业机密的成分可以不标明，但应列出其危险性。

（2）象形图

采用《化学品分类和标签规范》（GB 30000.2~29—2013）规定的象形图。

（3）信号词

信号词是指根据化学品的危险程度和类别，用"危险""警告"两个词分别进行危险程度的警示。信号词位于化学品名称的下方，要求醒目、清晰，应根据危险化学品的不同类别进行选择。

（4）危险性说明

危险性说明是指简要概述化学品的危险特性，居信号词下方。

应根据不同类别危险化学品选择不同的危险性说明。

（5）防范说明

防范说明是指表述化学品在处置、搬运、储存和使用作业中所必须注意的事项和发生意外时简单有效的救护措施等，要求内容简明扼要、重点突出。该部分包括安全预防措施、意外情况（如泄漏、人员接触或火灾等）的处理、安全储存措施及废弃处置等内容。防范说明详见《化学品安全标签编写规定》（GB 15258—2009）附录 C。

（6）供应商标识

供应商名称、地址、邮编和电话等。

（7）应急咨询电话

填写化学品生产商或生产商委托的 24 小时化学事故应急咨询电话，国外进口化学品安全标签上应至少有一家中国境内的 24 小时化学事故应急咨询电话。

（8）资料参阅提示语

提示化学品用户应参阅化学品安全技术说明书。

 相关链接

化学品安全标签是针对化学品而设计的一种标识。建立化学品安全标签制度，对所有化学品进行标识，以便正确识别和区分危险化学品，是安全使用化学品、预防和控制化学危害及化学品事故发生的基本措施之一。化学品安全标签的作用是警示能接触此化学品的人员，目前已国际化。

28. 化学品安全技术说明书如何使用？

（1）化学品安全技术说明书采用"一个品种一卡"的方式编写，同类物、同系物的技术说明书不能互相替代；混合物要填写有害性组分及其含量范围。所填数据应是可靠和有依据的。一种化学品具有一种以上的危害性时，要综合表述其主、次危害性以及急救、防护措施。

（2）化学品安全技术说明书由化学品的生产供应企业编印，在交付商品时提供给用户，作为提供给用户的一种服务随商品在市场上流通。

（3）化学品安全技术说明书的数值和资料要准确可靠，选用的参考资料要有权威性，必要时可咨询省级以上职业安全卫生专门机构。当化学品的性质特点及安全措施有新的发现时，化学品安全技术说明书应进行相应的变更，危险化学品的生产企业有义务将变更的安全技术说明书更新给其用户。

 相关链接

　　化学品安全技术说明书的编写要求：化学品安全技术说明书规定的 16 大项内容在编写时不能随意删除或合并，其顺序也不可随意变更。各项目填写的要求、边界和层次，按填写指南进行。化学品安全技术说明书的正文应采用简洁、明了、通俗易懂的规范汉字表述，数字资料要准确可靠、系统全面。化学品安全技术说明书的内容，从该化学品的制作之日算起，每五年更新一次，若发现新的危害性，在有关信息发布后的半年内，生产企业必须对化学品安全技术说明书的内容进行修订。

29. 化工企业生产的主要特点有哪些？

化工企业的生产过程中潜在的不安全因素很多，危险性和危害性很大，因此对安全生产的要求必须严格。目前，随着化工生产技术的发展和生产规模的扩大，生产安全已经不再局限于企业自身，因为企业一旦发生有毒有害物质泄漏，不仅会造成生产人员中毒伤害事故，导致生产停顿、设备损坏，并且还有可能波及社会，造成其他人身中毒伤亡，产生无法估量的损失和难以挽回的影响。

化工企业运用化学方法从事产品的生产，生产过程中的原辅料、中间产品和成品，大多数都具有易燃易爆的特性，这些化学物质对人体存在着不同程度的危害。另一方面，与其他行业企业生产不同，化工企业生产具有易燃、易爆、易中毒、高温高压、毒害性、腐蚀性、生产连续性等特点，比较容易发生泄漏、火灾、爆炸等事故，而且事故一旦发生，常常造成群死群伤的严重事故。

具体来讲，化工企业生产的特点主要有以下方面：

（1）生产原料具有特殊性

化工企业生产使用的原辅料、中间产品和成品种类繁多，并且绝大部分是易燃易爆、有毒有害、有腐蚀性的危险化学品。这不仅对生产过程中原材料、燃料的使用、储存和运输提出较高的要求，而且对中间产品和成品的使用、储存和运输都提出了较高的要求。

（2）生产过程具有危险性

在化工企业的生产过程中，对工艺条件要求严格甚至苛刻。有些化学反应在高温、高压下进行，有的则要在低温、高真空度下进行，在生产过程中稍有不慎，就容易发生有毒有害气体泄漏、爆炸、火灾等事故，酿成巨大的灾难。

（3）生产设备、设施具有复杂性

化工企业的一个显著特点，就是各种各样的管道纵横交错，大大小小的压力容器遍布全厂，生产过程中需要经过各种装置、设备的化合、聚合、高温、高压等程序，生产过程复杂，生产设备、设施也复杂。大量设备设施的应用，减轻了操作人员的劳动强度，提高了生产效率，但是设备设施一旦失控，就会造成各种事故。

（4）生产方式具有严密性

目前的化工生产方式，已经从过去落后的坛坛罐罐的手工操作、间断生产，转变为高度自动化、连续化生产；生产设备由敞开式变为密闭式；生产装置从室内走向露天；生产操作由分散控制变为集中控制，同时也由人工手动操作变为仪表自动操作，进而发展为计算机控制。这就进一步要求生产方式的严格周密，不能有丝毫的马虎大意，否则就会导致事故的发生。

随着化工的发展，其生产的特点不仅不会改变，反而会由于科学技术的进步而进一步强化。因此，化工企业在生产和其他相关活动过程中，必须有针对性地采取积极有效的措施，加强安全生产管理，防范各类事故的发生，保证安全生产。

30. 化工生产事故的主要特点有哪些？

在化工企业生产中，由于各种原因，在危险化学品生产、运输、仓储、销售、使用和废弃物处置等各个环节都出现过许多重特大事故，给人民的生命财产造成了严重的损失。

化工生产事故有以下突出特点：

（1）大量化学物质意外排放或泄漏事故，造成的伤亡极其惨重，损失巨大。

（2）化工生产事故对人员造成的损害具有多样性。事故能够对受伤害者各器官系统造成暂时性或永久性的功能或器质性损害，导致急性中毒、慢性中毒或致畸，甚至会造成死亡，而且这些损害不但影响本人，也有可能影响后代。

（3）由于化工企业中各种毒物分布广、事故频发，因而环境污染严重，且难以彻底消除。

（4）化工生产事故不受地形、气象和季节影响。无论企业大小、气象条件如何，也无论春夏秋冬，事故随时随地都有可能发生。

（5）化学物质种类繁多，因而当事故发生后，迅速确定是哪种物质引起的伤害十分困难，这对事故发生后的应急救援不利。

31. 化工企业常见事故原因有哪些？

化工企业常见事故原因与生产特点、生产过程所存在的危险性直接相关。

（1）直接原因

化工企业发生事故的直接原因：一是机械、物质或环境的不安全状态，如防护、保险、信号等装置缺乏或有缺陷，设备、设施、工具、附件有缺陷，劳动防护用品、用具缺少或有缺陷，生产（施工）场地环境不良等；二是人的不安全行为，如操作错误造成安全装置失效，使用不安全设备，手代替工具操作，物体存放不当，冒险进入危险场所，违反操作规程，分散注意力，忽视个体防护用品、用具的使用，不安全着装等。

（2）间接原因

化工企业发生事故的间接原因包括：生产技术和设计上有缺陷；工业构件、建筑物、机械设备、仪器仪表、工艺过程、操作方法、维修检验等的设计、施工和材料使用存在问题；企业对员工的安全教育和培训不够，员工缺乏或不懂安全操作技术知识；企业劳动组织不合理，对现场工作缺乏检查或指导错误；企业没有制定安全操作规程或安全管理制度不健全；企业没有或不认真实施事故防范措施，对事故隐患整改不力等。

（3）其他原因

除此之外，化工企业引发事故的原因，还有制造缺陷、化学腐蚀、管理缺陷、纪律松弛等因素，尤其是那些常见多发事故，主要是由于违章作业、设备维护不周、操作失误所致。

32. 化工行业应重点关注的职业病危害有哪些？

化工生产过程中的刺激性毒物常引起呼吸系统损害，严重时可使人发生肺水肿；氰化物、砷、硫化氢、一氧化碳、醋酸胺、有机氟等易引起中毒性休克；砷、锑、钡、有机汞、三氯乙烷、四氯化碳等易引起中毒性心肌炎；黄磷、四氯化碳、三硝基甲苯、三硝基氯苯等可引起肝损伤；重金属盐可造成中毒性肾损伤；窒息性气体、刺激性气体以及亲神经毒物均可引起中毒性脑水肿；苯的慢性中毒主要损害心血管系统，表现为白细胞、血小板减少及贫血，严重时会出现再生障碍性贫血；汞、铅、锰等可引起严重的中枢神经系统损害。

橡胶行业、石油行业、印染行业、油漆涂料行业还多发职业性肿瘤。

33. 爆炸品的危险特性有哪些？

对撞击、摩擦、温度等非常敏感的爆炸品爆炸所需的最小起爆能称为该爆炸品的感度。摩擦、撞击、震动、高热，都有可能给爆炸品爆炸提供足够的起爆能。所以，对于爆炸品而言，必须严格远离发热源，并避免发生剧烈撞击和摩擦，做到轻拿轻放。火药、炸药、各类弹药、含氮量大于 12.5% 的硝酸酯类、含高氯酸大于 72% 的高氯酸盐类爆炸品，都对撞击、摩擦、温度等非常敏感。

梯恩梯、硝化甘油、苦味酸、雷汞等爆炸品本身具有一定的毒性，它们爆炸时会产生一氧化碳、二氧化碳、一氧化氮、二氧化氮、氰化氢、氮气等有毒或窒息性气体，造成人员中毒、窒息和环境污染。

有些爆炸品与某些化学品（如酸、碱、盐、金属）反应可能生成更容易爆炸的化学品。比如：苦味酸遇某些碳酸盐会生成更易爆炸的苦味酸盐；苦味酸受铜、铁等金属撞击，可立即发生爆炸。

易产生或聚集静电的爆炸品大多是电的不良导体，在包装、运输过程中容易产生静电，一旦发生静电放电也可引起爆炸。

 **相关链接**

爆炸性是一切爆炸品的主要特性，爆炸品都具有化学不稳定性和爆炸性。当爆炸品从外界获得一定量的起爆能后，将发生猛烈的化学反应，在极短时间内释放大量热能和气体而发生爆炸性燃烧，产生对周围的人、畜及建筑物具有很大破坏性的高压冲击波，并通常酿成火灾。

34. 爆炸品的安全事项有哪些？

（1）爆炸品的包装

包装的材料应与所装爆炸品的性质不相抵触，严密、耐压、防震、衬垫妥实，并有良好的隔热作用，单件包装应符合有关包装的规定。

（2）爆炸品的装卸与搬运

在爆炸品的装卸与搬运过程中，开关车门、车窗不得使用铁撬棍、铁钩等铁质工具，必须使用时，应采取具有防火花涂层等防护措施的工具。装卸与搬运时，不准穿铁钉鞋，使用铁轮、铁铲头推车和叉车时，应有防火花措施。禁止使用可能发生火花的机具设备，照明应使用防爆灯具。

（3）爆炸品的存放与保管

爆炸品必须存放于库房内，库房应有避雷装置、防爆灯及低压防爆开关。库房应由专人负责看管，库内应保持清洁，并隔绝热源与火源，在温度 40 ℃以上时，要采取通风和降温措施。爆炸品的堆垛间及堆垛与库墙间应有 0.5 米以上的间隔。库存物要避免日

光直晒。

（4）爆炸品的遗撒处理

遗洒的爆炸品应及时用水润湿，撒松软物后轻轻收集，禁止将收集的遗撒物品装入原包件中。

 相关链接

作业时应轻拿轻放爆炸品，避免摔碰、撞击、拖拉、摩擦、颠簸、震荡、翻滚。整体爆炸品、抛射爆炸品和燃烧爆炸品的装载和堆码高度不得超过18米。车、库内不得残留酸、碱、油脂等物质。发现跌落破损的货件不得装车，而应将其另行放置、妥善处理。严禁将爆炸品与氧化剂、酸、碱、盐类、金属粉末和钢材料器具等混储混运。

 知识学习

扑救爆炸品火灾时，禁用酸、碱灭火器，切忌用沙土覆盖，以免增强爆炸品爆炸时的威力，可用水或其他灭火器灭火。扑救爆炸品堆垛火灾时，应采用吊射水流，避免强力水流直接冲击堆垛，使堆垛倒塌再次发生爆炸。施救人员应佩戴防毒面具。

35. 压缩气体和液化气体的危险特性有哪些?

（1）易燃易爆性

超过半数的压缩气体和液化气体都具有易燃易爆性。易燃气体一旦点燃，在极短的时间内就能全部燃尽，爆炸风险很大，灭火难度很大。

（2）流动扩散性

压缩气体和液化气体能自发地充满任何容器，非常容易扩散。比如大多数易燃气体的密度高于空气的密度，可以远距离扩散，并飘到地表、沟渠、隧道、厂房死角等处，长时间聚集不散，遇火源会发生燃烧或爆炸，扩大火势。

（3）受热膨胀性

存于钢瓶中的压缩气体和液化气体通常都具有较高的气压，过度受热将导致瓶内气压大幅攀升，一旦气压超过了容器的耐压强度时，就会引起容器破裂发生物理性爆炸，酿成火灾或中毒等事故。

（4）易产生或聚集静电

压缩气体和液化气体从管口或破损处高速喷出时，由于强烈的摩擦作用，会产生静电。

（5）腐蚀毒害性

除氧气和压缩空气外，压缩气体和液化气体大都具有一定毒害性和腐蚀性。

（6）窒息性

压缩气体和液化气体都有窒息危险性，一旦发生泄漏，若不

采取相应的通风措施，会使人窒息死亡。

（7）氧化性

具有危险性的压缩气体和液化气体主要有两种：一是助燃气体，例如氧气；二是有毒气体，本身不燃，但氧化性很强，与可燃气体混合后能发生燃烧或爆炸，如氯气与乙炔。

 知识学习

　　对人畜有强烈毒害、窒息、灼伤、刺激作用的气体有硫化氢、氰化氢、氯气、氟气、氢气等。它们通常还对设备有严重的腐蚀破坏作用，例如，硫化氢能腐蚀设备、削弱设备的耐压强度，严重时可导致设备破裂、漏气，甚至引起火灾等事故；氢在高压下可以渗透到碳素中去，使金属容器发生"氢脆"。因此，对盛装腐蚀性气体的容器，要采取一定的密封与防腐措施。

36. 压缩气体和液化气体安全事项有哪些？

（1）压缩气体和液化气体包装

盛装此类货物的气瓶必须按规定达到安全标准，严禁超量灌装、超温、超压造成事故。

（2）压缩气体和液化气体装卸与搬运

在储存、运输和使用过程中，一定要注意采取有效的防火、防晒、隔热措施。

（3）压缩气体和液化气体存放和保管

应存放于阴凉通风场所，防止日光暴晒，严禁受热、油类污染，远离热源、火种，当库内温度超过40 ℃时，应采取通风降温措施。气瓶平卧放置时，堆垛不得超过5层，瓶头朝向相同，瓶身应填塞妥实，防止滚动；立放时应放置稳固，最好用框架或栅栏围护固定，防止倒塌，并留出通道。

（4）压缩气体和液化气体泄漏处理

气瓶的消防阀门松动漏气时应立即拧紧，如无法关闭时，可将气瓶浸入冷水或石灰水中（氨气瓶只能浸入水中）；液化气体容器破裂时，应立即将裂口部位朝上放置。

知识学习

储运气瓶时应检查气瓶上的漆色及标志与各种单据上的品名是否相符，包装、标志、防震胶圈是否齐备，是否在气瓶钢印标志的有效期之内，瓶壁是否有腐蚀、损坏、凹陷、鼓泡和伤痕等。

气瓶装车时应平卧横放，并应将瓶口朝向同一方向，不可交叉；高度不得超过车辆的防护拦板，并用三角木垫卡牢，防止滚动。装卸机械工具应有防止产生火花的措施。

装卸有毒气体时，应配备劳动防护用品，必要时使用供氧式防毒面具。有毒的氯气、氟气，在储存、运输和使用中一定要与其他可燃气体分开。

37. 易燃液体的危险特性有哪些？

（1）易燃性

易燃液体属于蒸气压较大、容易挥发出足以与空气混合形成可燃混合物的蒸气的液体，其着火所需的能量极小，遇火、受热以及和氧化剂接触时都有发生燃烧的危险。

（2）爆炸性

当易燃液体挥发出的蒸气与空气混合形成的混合气体达到爆炸极限浓度时，可燃混合物就转化成爆炸性混合物，一旦点燃就会发生爆炸。

（3）热膨胀性

易燃液体主要是盛装在容器之中，而易燃液体的膨胀系数比较大。储存于密闭容器中的易燃液体受热后体积膨胀，若膨胀产生的压力超过容器的压力限度，就会造成容器膨胀甚至爆裂，在容器爆裂时会产生火花而引起燃烧爆炸。

（4）流动扩散性

液体具有流动扩散性，易燃液体泄漏后扩大的表面积，使其能够源源不断地挥发，形成密度比空气大且易积聚的易燃蒸气，从而增加了燃烧爆炸的危险性。

（5）易产生或聚集静电

易燃气体的流动性，使其可与不同性质的物体（如容器壁）在相互摩擦或接触时积聚静电，当静电积聚到一定程度时就会放电，产生静电放电火花而引起可燃性蒸气混合物的燃烧爆炸。

（6）有毒

大多数易燃液体及其蒸气均具有不同程度的毒害性，吸入后能引起急、慢性中毒。

 相关链接

易燃液体的挥发性越强，爆炸下限越低，发生爆炸的危险性就越大。含有一定水分的高黏度、宽沸程的重质油品，如含水率为 0.3%~4% 的原油、渣油、重油等沸溢性油品，在发生火灾时通常具有沸溢喷溅性。这是因为分散在重质油品中的水分或低沸点物质在发生火灾后首先达到沸点沸腾，进而产生大量蒸气携带大量油品喷溢而出，导致油品发生沸溢或喷溅现象，致使火灾迅速扩大，并有可能引发爆炸。

38. 易燃固体的危险特性有哪些？

（1）燃点较低

易燃固体的燃点比较低，一般都在 300 ℃以下，在常温下遇到能量很小的着火源就能点燃。如，金属镁、铝粉、硫黄、樟脑等。

（2）爆炸性

易燃固体燃烧时会产生大量气体，导致密闭空间内气体体积迅速膨胀而爆炸；作为还原剂与酸类、氧化剂等接触时，发生剧烈反应引起燃烧或爆炸；各种粉尘飞散到空气中，达到一定浓度后遇明火会发生粉尘爆炸。

（3）有些易燃固体受到摩擦、撞击、震动会引起剧烈连续的燃烧或爆炸。

（4）本身或其燃烧产物有毒或腐蚀性

有些易燃固体本身具有毒害性，燃烧时也能产生有毒气体和蒸气；有些易燃固体在燃烧时会产生大量的有毒气体或腐蚀性的物质，其毒害性较大。

（5）遇湿易燃性

部分易燃固体不仅具有遇火受热的易燃性，而且还具有遇湿易燃性。

（6）自燃性

易燃固体中的赛璐珞、硝化棉及其制品在积热不散条件下，易自燃起火。

相关链接

自燃物品一般具有以下危险特性：

（1）遇空气自燃性

自燃物品大部分非常活泼，具有极强的还原活性，接触空气中的氧气时，会被氧化同时产生大量的热，从而达到自燃点而着火、爆炸，发生自燃的过程不需要明火点燃。

（2）遇湿易燃易爆性

有些自燃物品遇水或受潮后能分解引起自燃（如保险粉）或爆炸。

（3）积热自燃性

有些自燃物品不需要外部加热，也可以依靠自身的连锁反应进行积热，使自身温度升高，最终达到着火温度而发生自燃。

（4）毒害腐蚀性

自燃物品及其燃烧产物经常带有较强的毒害腐蚀性。

39. 易燃固体的安全事项有哪些？

（1）包装

盛装遇空气或潮气能引起反应的物质，其容器须气密封口。

（2）装卸与搬运

作业时要注意轻拿轻放，远离火种和热源，避免摔碰、撞击、拖拉、摩擦、翻滚等外力作用，防止容器或包装破损。

（3）存放与保管

本类物品应存放于阴凉、通风、干燥场所，防止日晒，隔绝热源和火种，与酸类、氧化剂等其他性质相抵触的物质必须隔离存放。

（4）洒漏处理

洒漏的物品应谨慎收集、妥善处理。

 知识学习

> 洒漏的黄磷应立即浸入水中；硝化纤维要用水润湿；金属钠、钾应浸入煤油或液体石蜡中；电石、保险粉等遇湿易燃物品洒漏，收集后另放安全处，不得并入原货件中。易燃固体、自燃物品一般都可用水和泡沫灭火剂扑救，如散装硫黄、赛璐珞燃烧时可用大量的水进行灭火。但是，当遇湿易燃物品（镁粉、铝粉、铝铁溶剂、金属有机化合物、氨基化合物）着火时，严禁使用水、酸碱灭火剂、泡沫灭火剂以及二氧化碳灭火剂，只能用干沙、干粉灭火。对上述物品的火灾扑救，应有防毒措施。

40. 氧化剂的危险特性有哪些？

（1）氧化性

具有氧化性或助燃性物质与还原性物质接触时可发生剧烈的放热反应，表现出很强的氧化性。这些氧化剂虽然本身不能燃烧，但能够放出氧气或其他助燃的气体。

（2）受热分解性

氧化剂本身性质不稳定，在受到热冲击（包括明火、撞击、震动、摩擦）时可能会迅速分解，分解出氧原子并产生大量的气体和热量。

（3）可燃性

除有机硝酸盐类具有可燃性并能酿成火灾外，大多数氧化剂都是不燃物质。

（4）自燃性

与可燃液体作用的自燃性氧化剂的化学性质活泼，能与一些可燃液体发生氧化放热反应而自燃。

（5）与酸作用的分解性

大多数氧化剂在酸性条件下氧化性更强，甚至会燃烧或爆炸。

（6）与水作用的分解性

大多数氧化剂具有不同程度的吸水性，吸水后会溶化、流失或变质。

（7）强氧化剂与弱氧化剂作用的分解性

在氧化剂中强氧化剂与弱氧化剂相互之间接触能发生复分解反应，产生高热而燃烧或爆炸。

（8）有毒和腐蚀性

氧化剂通常都具有很强的腐蚀性，它们既能灼伤皮肤，还能致人中毒。

41. 氧化剂和有机过氧化物的安全事项有哪些？

（1）包装

包装和衬垫材料应与所装物性质不相抵触。

（2）装卸与搬运

在装卸时应特别注意它们的氧化性和着火爆炸并存的双重危险性，有些在运输时为了保证安全必须加入稳定剂来退敏。

（3）存放与保管

氧化剂及有机过氧化物应单独存放与保管，存放的仓库应保持阴凉通风，避免日晒、受潮、受热，远离酸类和可燃物。

（4）洒漏处理

氧化剂和有机过氧化物洒漏时，应先扫除干净，再用水冲洗。

 知识学习

有些氧化剂和过氧化剂在运输时为了保证安全，必须加入稳定剂来退敏，有些氧化剂在运输时还需要控制温度。装车前，车内应打扫干净，保持干燥，不得残留有酸类和粉状可燃物。卸车前，应先通风后作业。装卸和搬运中力求避免摔碰、撞击、拖拉、翻滚、摩擦和剧烈震动，防止引起爆炸，对氯酸盐、有机过氧化物等更应特别注意。搬运工具上不得残留或沾有杂质，托盘和手推车尽量专用，装卸机具应有防止发生火花的防护装置。

42. 有毒品的危险特性有哪些?

（1）毒性

毒性是有毒品最显著的特性。

（2）遇水、遇酸反应性

大多数有毒品遇酸会分解出有毒气体或烟雾，有些有毒气体还具有易燃和自燃危险性，有些遇水甚至会发生爆炸。

（3）氧化性

有些有毒品还具有氧化性，一旦与还原性强的物质接触，容易发生燃烧爆炸，并产生毒性极强的气体。

（4）易燃易爆性

许多有机毒害品具有易燃性，它们能与氧化剂发生反应，遇明火会发生燃烧爆炸，产生有毒气体或烟雾。

 知识学习

有毒品的化学组成和结构影响毒性的大小，例如，甲基内吸磷比乙基内吸磷的毒性小 50%，硝基化合物的毒性随着硝基的增加或卤原子的引入而增强。有毒品入侵人体或其他动物体内的主要途径是呼吸道、消化道和皮肤。

有毒的细微颗粒与挥发性液体容易从呼吸道进入肺泡，引起中毒；有毒品在误食后将通过消化系统被吸收，迅速分散到人体各个部位，从而引起全身中毒；有毒品还能通过皮肤接触侵入肌体而引起中毒，当皮肤有破损时有毒品会随血液蔓延全身，加快中毒速度。另外，液态有毒品还易挥发、渗漏和污染环境。

43. 有毒品的安全事项有哪些？

（1）包装

易挥发的液态有毒品容器应气密封口，其他的液态有毒品应液密封口；盛装固态有毒品的容器应严密封口，以防止包装破损。

（2）装卸与搬运

有毒品装卸车前应先行通风。

（3）存放与保管

有毒品应存放在阴凉、通风、干燥的库内，不得露天存放。

（4）洒漏的处理

固态有毒品洒漏时，应谨慎收集；液态有毒品渗漏时，可先用沙土、锯末等物吸收，妥善处理。被有毒品污染的机具、车辆及仓库地面，应及时洗刷除污。

 知识学习

> 装卸、搬运有毒品时严禁肩扛、背负，要轻拿轻放，不得撞击、摔碰、翻滚，以防止包装破损。装卸易燃有毒品时，装卸机具应有防止发生火花的措施。
>
> 作业时必须穿戴劳动防护用品，在皮肤受伤时，应停止或避免对有毒品的作业，严防皮肤破损处接触毒物。进行有毒品作业时应严禁饮食、吸烟等，作业完毕及时清洁身体后方可进食。

44. 腐蚀品的危险特性有哪些？

（1）毒性

多数腐蚀品均有不同程度的毒性，有些甚至是剧毒品。有很多腐蚀品可以产生不同程度的有毒气体和蒸气，造成人体中毒。

（2）易燃性

很多腐蚀品特别是有机腐蚀品具有易燃性。

（3）氧化性

有些腐蚀品本身虽然不具有可燃性，但具有较强的氧化性，是氧化性很强的氧化剂，当它与某些可燃物接触时会有着火或爆炸的危险。

（4）遇水猛烈分解性

有些腐蚀品遇水会发生猛烈的分解放热反应，有时还会释放出有害的腐蚀性气体，有可能引燃邻近的可燃物，甚至引发爆炸事故。

 相关链接

腐蚀品是化学性质比较活泼，能和很多金属、非金属、有机化合物、动植物机体等发生化学反应的物质。

腐蚀品的腐蚀性体现在对人体的伤害、对有机体的破坏和对金属的腐蚀性。腐蚀品与人体接触，能引起人体组织灼伤或组织坏死。如果人吸入腐蚀品的蒸气或粉尘，呼吸道黏膜及内部器官会受到腐蚀损伤，引起咳嗽、呕吐、头痛等症状，严重的会引起炎症（如肺炎等），甚至造成死亡。

45. 腐蚀品的安全事项有哪些？

（1）包装

应选用耐腐蚀的容器，并按所装物品状态采用气密封口、液密封口或严密封口，防止泄漏、潮解或洒漏。外包装必须坚固。

（2）装卸与搬运

作业前应穿戴耐腐蚀的劳动防护用品，对易散发有毒蒸气或烟雾的腐蚀品装卸作业，还应备有防毒面具。

（3）存放与保管

应存放在清洁、通风、阴凉、干燥场所，防止日晒、雨淋。

（4）洒漏处理

发现液体酸性腐蚀品洒漏应及时撒上干沙土，清除干净后，再用水冲洗污染处；大量酸液溢漏时，可用石灰水中和。

 知识学习

腐蚀品着火时，不可用柱状高压水灭火，应尽量使用低压水流或雾状水灭火，以防腐蚀液体飞溅伤人；对遇水发生剧烈反应，有可能引起燃烧、爆炸或释放出有毒气体的腐蚀品，禁止用水灭火，可用干沙土、泡沫灭火剂、干粉灭火剂等扑救。火灾现场的强酸，应尽力抢救，以防高温爆炸，酸液飞溅；无法抢救搬离火灾现场时，可用大量水浇洒降温。

第4章
危险化学品
生产安全

46. 危险化学品生产加热过程中的安全事项有哪些?

温度是化工生产中最常见的需控制的条件之一,加热是控制温度的重要手段,其操作的关键是按规定严格控制温度的范围和升温速度。温度过高会使化学反应速度加快,若是放热反应,则放热量增加,一旦散热不及时,温度失控,就会发生冲料,甚至会引起燃烧和爆炸。

生产中常用的加热方式有直接火加热(包括烟道气加热)、蒸汽或热水加热、有机载体或无机载体加热以及电加热等,其中以电加热最为常见。用高压蒸汽加热时,对设备耐压性要求高,需严防泄漏或与物料混合,避免造成事故;使用热载体加热时,要防止热载体循环系统堵塞，热油喷出，酿成事故；使用电加热时，电气设备要符合防爆要求；直接用火加热危险性最大，因温度不易控制，可能会造成局部过热烧坏设备，引起易燃物质的分解爆炸，当加热温度接近或超过物料的自燃点时，应采用惰性气体保护。

 血的教训

　　某年3月19日，江西某氨厂供汽车间蒸汽锅炉点火时，炉膛内可燃性气体发生化学爆炸，致使炉体倒塌，造成1人死亡、3人重伤、5人轻伤的重大伤亡事故。

事故原因：锅炉检修时，合成氨弛放气回收后未加盲板，导致气体泄漏进炉膛；检修过程炉体开放，检修后炉体封闭，弛放气在炉内积累；点火前未对炉膛内气体进行分析。

47. 危险化学品生产冷却和冷凝过程中的安全事项有哪些？

（1）冷凝、冷却的操作不仅涉及原材料定额消耗以及产品生成率，而且严重影响安全生产。应当根据被冷却物料的温度、压力、理化性质以及所要求冷却的工艺条件，正确选用冷却设备和冷却剂。

（2）对于腐蚀性物料的冷却，最好选用使用耐腐蚀材料的冷却设备，如石墨冷却器、塑料冷却器，以及用高硅铁管、陶瓷管制成的套管冷却器和钛材料冷却器等。

（3）严格注意冷却设备的密闭性，不允许物料窜入冷却剂中，也不允许冷却剂窜入被冷却的物料中（特别是酸性气体）。

（4）冷却设备所用的冷却水不能中断。否则，反应热不能及时导出，致使反应异常，系统压力增高，甚至发生爆炸。

（5）开车前应首先清除冷凝器中的积液，再打开冷却水，然后通入高温物料。

（6）为保证不凝的可燃气体安全排空，可充氮保护。

（7）检修冷凝、冷却器时，应彻底清洗、置换，切勿带料焊接。

知识学习

> 冷却与冷凝被广泛应用于化工操作之中。两者主要区别在于被冷却的物料是否发生相的改变。若发生相变（如气相变为液相）则称为冷凝，无相变只是温度降低则称为冷却。根据冷却与冷凝所用的设备，可分为直接冷却与间接冷却两类。

 血的教训

> 某年7月28日，江苏省盐城市某化工有限公司发生一起爆炸事故，死亡22人、受伤29人，其中3人重伤。
>
> 事故原因：在氯化反应塔冷凝器无冷却水、塔顶没有产品流出的情况下没有立即停车，而是错误地继续加热升温，使物料（2，4-二硝基氟苯）长时间处于高温状态，最终导致物料分解爆炸。

48. 危险化学品生产冷冻过程中的安全事项有哪些？

一般常用的冷冻压缩机由压缩机、冷凝器、蒸发器与膨胀阀4个基本部分组成。冷冻设备所用的压缩机以氨压缩机为主，在使用氨冷冻压缩机时应注意：

（1）应采用不产生火花的电气设备。

（2）在压缩机出口方向，应于气缸与排气阀间设一个能使氨通到吸入管的安全装置，以防缸内压力超高。为避免管路爆裂，在旁通管路上不装任何阻气设备。

（3）易污染空气的油分离器应设于室外，压缩机要采用低温不冻结且不与氨发生化学反应的润滑油。

（4）制冷系统压缩机、冷凝器、蒸发器以及管路系统，应注意其耐压程度和气密性，防止设备、管路产生裂纹、泄漏，同时要加强安全阀、压力表等安全装置的检查、维护。

（5）制冷系统因发生事故或停电而紧急停车，应注意其冷料的排空处理。

（6）装有冷料的设备及容器，应注意其低温材质的选择，防止低温脆裂。

 相关链接

冷冻在某些化工生产过程中，如蒸气、气体的液化，某些组分的低温分离，以及某些物品的输送、储藏等，常需将物料降到比水或周围空气更低的温度，这种操作称为冷冻或制冷。冷冻操作实质是不断地将被冷冻物体的热量取出并传给冷冻剂，以使被冷冻的物体温度降低。适当选择冷冻剂及操作方法，可以获得由零度至接近于绝对零度的任何程度的冷冻。

49. 危险化学品生产筛分过程中的安全事项有哪些?

（1）在筛分操作过程中，若粉尘具有可燃性，应注意因碰撞和静电而引起粉尘燃烧、爆炸。若粉尘具有毒性、吸水性或腐蚀性，要注意呼吸器官及皮肤的保护，以防引起中毒或皮肤伤害。

（2）筛分操作会产生大量扬尘，在不妨碍操作、检查的前提下，应将筛分设备最大限度地进行密闭。

（3）要加强检查，注意筛网的磨损和筛孔堵塞、卡料，以防筛网损坏和混料。

（4）筛分设备的运转部分要加防护罩，以防绞伤人体。

（5）振动筛会产生噪声，应采取隔离等消声措施。

 知识学习

　　筛分在生产中为满足生产工艺要求，常将固体原材料、产品进行颗粒分级，而这种分级一般是通过筛选办法实现的。筛选是将固体颗粒度（块度）分级，选取符合工艺要求的粒度，这一操作过程称为筛分。

　　筛分包括人工筛分和机械筛分。人工筛分劳动强度大，操作者直接接触粉尘，对呼吸器官及皮肤有很大危害。机械筛分能大大减轻操作者体力劳动、减少与粉尘接触机会，如能很好密闭、实现自动控制，操作者将摆脱粉尘危害。

血的教训

> 　　某年 7 月 21 日，某矿井提升上来的原煤黏性较大，极易附着在原煤分级筛的筛面上，造成筛孔堵塞、原煤压筛子现象，接着分级筛再次出现原煤压筛子现象。见出现此情况，筛分机司机刘某便爬上筛面清理积煤，在清理了约 10 分钟后，拣选工王某以为刘某已经清理完积煤，并且离开了筛面，便直接将筛分机开启。见筛面振动，刘某立刻从筛面上跳了下来，造成左脚趾骨粉碎性骨折。

50. 危险化学品生产粉碎过程中的安全事项有哪些？

　　（1）各类粉碎机都必须有紧急制动装置，必要时可超速停车。严禁对运转中的破碎机进行检查、清理、调节和检修。如破碎机加料口与地面处于同一水平面或低于地面水平面 1 米以内时，应设安全格。

　　为保证安全操作，破碎装置周围的过道宽度必须大于 1 米。操作台必须坚固，沿操作台周边应设 1 米高的安全护栏。

　　（2）为防止金属物件落入破碎装置，必须装设磁性分离器。球磨机必须安装带抽风管的严密外壳，如研磨爆炸性物质，则内部需衬以橡胶或其他柔软材料，同时需采用青铜球。各类粉碎、研磨设备应密闭，操作室应通风良好，以减少空气中粉尘含量。

　　（3）发现粉碎系统中粉末阴燃或燃烧时，需立即停止送料，并采取措施断绝空气来源，必要时充入氮气、二氧化碳以及水蒸气等气体，但不宜使用加压水流或泡沫进行扑救，以免可燃粉尘飞扬，扩大事故。

 知识学习

在生产中为满足其工艺要求，常常需要将固体物料粉碎或研磨成粉末以增加其接触面积，进而缩短化学反应时间。将大块物料变成小块物料的操作称粉碎；而将小块物料变成粉末的操作则称研磨。粉碎分为湿法粉碎与干法粉碎两类。

 血的教训

某年7月15日22时许，湖南新化县某瓷厂非法生产炸药，因操作不当导致原料发生剧烈化学反应，产生大量气体和热量而发生爆炸，造成11人死亡、2人重伤、2人轻伤。

事故原因：负责第二台粉碎机的操作工伍某某，在粉碎第一堂料后，没有按规定清洗机器便粉碎第二堂料。粉碎机高速运转、挤压产生高温，使机身内部原料熔化后结块，堵塞进出料口，形成密闭体，机内原料发生剧烈化学反应产生的大量气体和热量无法及时排出，进而发生爆炸。

51. 危险化学品生产混合过程中的安全事项有哪些?

（1）要根据物料性质（如腐蚀性、易燃易爆性、粒度、黏度等）正确选用设备。混合设备的桨叶制造要符合强度要求，安装要牢固，不允许产生摆动。在修理或改造桨叶时，应重新计算其坚牢度。

（2）搅拌黏稠物料，最好采用推进式及透平式搅拌机。为防止搅拌机超负荷运转而发生事故，应安装超负荷停车装置。

（3）对于混合操作的加、出料应实现机械化、自动化。几种物料混合若能产生易燃、易爆或有毒物质，应采用密闭性良好的混合设备，并充入惰性气体保护。

（4）搅拌过程中物料会产生热量，如因故停止搅拌会导致物料局部过热。因此，在安装机械搅拌装置的同时，还要辅以气流搅拌，或增设冷却装置。

（5）对于混合可燃粉料，设备应接地以导除静电，并应在设备上安装爆破片。

 知识学习

　　凡使两种以上物料相互分散，而达到温度、浓度以及组成一致的操作，均称为混合。混合分液态与液态物料的混合、固态与液态物料的混合和固态与固态物料的混合。固体混合又分为粉末、散粒的混合，糊状物料的捏合。混合操作是用机械搅拌或气流搅拌以及其他混合方法完成的。

血的教训

> 某年 11 月 6 日，山东淄博某化工厂正在进行试生产的新产品硝酸异辛酯化釜突然发生爆炸，造成 4 人死亡、1 人重伤、2 人轻伤。
>
> 事故原因：由于温度显示失准，指示温度低于规定的 20±2℃。因此，操作工人在酯化后期大部分时间关闭了冰盐水阀，导致反应热不能有效地排除。另外，由于不了解硝酸异辛酯与混酸混合搅拌时间越长越危险，操作工人怕出事故而放慢了滴加异辛酯的速度，反应时间比正常的操作延长了 2 小时以上，为硝酸异辛酯分解爆炸创造了条件。

52. 危险化学品生产干燥过程中的安全事项有哪些？

（1）干燥操作分为常压或减压、连续或间断两种。用来干燥的介质有空气、烟道气等，此外还有升华干燥（冷冻干燥）、高频干燥和红外干燥。

（2）干燥过程中要严格控制温度，防止局部过热，以免造成物料分解爆炸。

（3）在干燥过程中散发出来的易燃易爆气体或粉尘，不应与明火和高温表面接触，防止燃爆。

（4）在气流干燥中应有防静电措施，在滚筒干燥中应适当调整刮刀与筒壁的间隙，防止产生火花。

血的教训

> 　　某年 3 月 24 日，江苏省无锡某化工集团下属化工厂保险粉车间混合包装岗位的混合桶发生爆炸，造成 6 人死亡、5 人受伤。
>
> 　　事故原因：造成这起爆炸事故的直接原因是混合桶物料不合格并分解放热，使物料温度升高。在第 5 料真空干燥过程中违章采用"气流干燥"，人为地将耙式干燥器放料底阀部分开启，使当时湿度很高的空气进入了耙式干燥器内。进入干燥器的空气中水分与物料接触，促使保险粉产生分解，含量降低，同时引起干燥器内物料温度升高。该物料未经处理直接放入混合桶后将继续发生分解，留下了事故隐患。

53. 危险化学品生产蒸发和蒸馏过程中的安全事项有哪些?

　　（1）为防止热敏性物质的分解，可采用真空蒸发的方法，降低蒸发温度，或采用高效蒸发器，增加蒸发面积，减少停留时间。对具有腐蚀性的溶液，要合理选择蒸发器的材质。

　　（2）对不同的物料应选择正确的蒸馏方法和设备。在处理难挥发的物料时（常压下沸点在 150 ℃以上）应采用真空蒸馏，这样可以降低蒸馏温度，防止物料在高温下分解、变质或聚合。

　　（3）在处理中等挥发性物料（沸点为 100 ℃左右）时，采用常压蒸馏。对于沸点低于 30 ℃的物料，则应采用加压蒸馏。

（4）萃取蒸馏与恒沸蒸馏主要用于分离由沸点极接近或恒沸组成的、难以用普通蒸馏方法分离的混合物。

（5）分子蒸馏是一种相当于绝对真空下进行的真空蒸馏，可以防止或减少有机物的分解。

 知识学习

蒸发是借加热作用使溶液中所含溶剂不断气化，以提高溶液中溶质的浓度，或使溶质析出的物理过程。蒸发按其操作压力不同可分为常压、加压和减压蒸发，按所需热量的利用次数不同可分为单效和多效蒸发。

蒸馏是借液体混合物各组分挥发度的不同，使其分离为纯组分操作。蒸馏操作可分为间歇蒸馏和连续蒸馏，按压力分为常压、减压和加压（高压）蒸馏。此外，还有特殊蒸馏，如蒸气蒸馏、萃取蒸馏、恒沸蒸馏和分子蒸馏等。

 血的教训

某年9月17日，浙江台州市某化工厂过氧化甲乙酮车间蒸馏系统发生爆炸事故，造成3人死亡、8人受伤。

事故原因：生产车间平面布置不合理，各组蒸馏系统的安全距离不足，中间没有安全隔离设施，使蒸馏Ⅱ系统爆炸后，导致蒸馏Ⅰ系统储备缸中的过氧化甲乙酮过热分解，从而引发了第二次爆炸，使整个蒸馏系统厂房倒塌，事故损失进一步扩大。

54. 机器设备停车检修的安全事项有哪些？

（1）停车检修在检修前要先停车，停车时要注意对反应物进行降温、降量，但降温、降量的速度不能太快，关闭阀门动作要轻缓。

（2）如果是高温真空设备，停车时一定要先降温，使设备内的物质温度降到其燃点以下，才允许将其压力升至常压。

（3）装置在停车时，要将设备及管道清空，排出的液体要妥善处理，不能随意排放或排入下水道，防止环境污染。

（4）在清理的时候一定要注意安全，防止中毒等事故发生。由于化工生产的特殊性，在设备之间、装置之间甚至厂际之间都有管道相连接。停车检修时要考虑到如何将检修设备与其他运行系统进行隔离，只用阀门是不保险的，最安全的方法是用盲板将检修设备与其他运行系统隔离，装置开车前再将盲板去除。

 相关链接

化工生产具有高温、高压、腐蚀性强等特点，化工生产中所使用的设备（包括管道、仪器仪表、阀门、反应釜等）极易受到腐蚀和老化。为了确保生产的正常运行和人员的安全，必须对化工设备定期进行检修。

55. 机器设备不停车检修的安全事项有哪些?

不停车带压密封技术的关键是解决了设备的密封问题。它是通过带压密封建立的新密封结构、密封剂来消除设备的泄漏。新密封结构建立的条件是:介质处于一定温度、一定压力和流动状态。当设备某处有泄漏时,将特定的夹具安装在泄漏部位,这时夹具与泄漏部位有一个密封空间,然后用专门的高压注射枪将密封剂(具有热固性、热塑性)注入这个密封空间,完成堵漏。

在进行不停车检修工作之前,要先做准备工作(如夹具的选型、密封剂的型号选择、专用工具的选择等),然后再进行具体操作(如安装夹具、注入密封剂)。

 知识学习

> 不停车检修、不停车带压密封技术是 20 世纪 70 年代发展起来的,这是一种先进的设备维、检修技术,它解决了停车检修的复杂性与不安全性问题,降低了由于停车检修造成的经济损失。不停车带压密封技术操作简单、安全、迅速、可靠,已广泛应用于各行各业,特别是化工生产领域。

56. 防火、防爆检测报警系统的作用有哪些?

(1)利用火灾探测器探测火灾

火灾探测器是火灾自动报警系统的重要组成部分,也叫探头或敏感头。它的任务是探测火灾的发生，向报警系统发送火灾信号。

（2）监测可燃性气体或蒸气浓度

为了防止可燃气体的爆炸，需要实时监测逸散在空气中可燃气体的浓度。当空气中的各种可燃气体的浓度超过报警浓度时（一般是爆炸下限浓度的 25%），报警器便立即报警，为人们采取措施防止危险事故的发生留出了充足的时间。

（3）扑救初起火灾

对初起火灾进行扑救，对于控制灾情的发展至关重要，此时要争取时间，保持冷静。发现火灾险情，应迅速关闭火灾部位的上下游阀门，切断出入火灾事故地点的一切物料；在火灾尚未扩大到不可控制之前，可使用移动式灭火器或现场其他各种消防设备、器材，扑灭初起火灾、控制火源。

知识学习

火灾发生时，必然会产生烟雾、火焰或高温，探测器会对这些表征火灾的现象做出积极的响应，进行电流、电压或机械部分的变化或位移，再通过放大、传输等过程，向消防中央控制室发出火灾信号，并显示火灾发生的地点、部位。火灾探测器主要分为感温、感烟、感光型3大类。

第5章
危险化学品
储存安全

57. 法律对危险化学品储存区域有哪些要求？

《危险化学品安全管理条例》第十九条规定，危险化学品生产装置或者储存数量构成重大危险源的危险化学品储存设施（运输工具加油站、加气站除外），与下列场所、设施、区域的距离应当符合国家有关规定：

（1）居住区以及商业中心、公园等人员密集场所。

（2）学校、医院、影剧院、体育场（馆）等公共设施。

（3）饮用水源、水厂以及水源保护区。

（4）车站、码头（依法经许可从事危险化学品装卸作业的除外）、机场以及通信干线、通信枢纽、铁路线路、道路交通干线、水路交通干线、地铁风亭以及地铁站出入口。

（5）基本农田保护区、基本草原、畜禽遗传资源保护区、畜禽规模化养殖场（养殖小区）、渔业水域以及种子、种畜禽、水产苗种生产基地。

（6）河流、湖泊、风景名胜区、自然保护区。

（7）军事禁区、军事管理区。

（8）法律、行政法规规定的其他场所、设施、区域。

已建的危险化学品生产装置或者储存数量构成重大危险源的危险化学品储存设施不符合上述规定的，由所在地设区的市级人民政府安全生产监督管理部门会同有关部门监督其所属单位在规定期限内进行整改；需要转产、停产、搬迁、关闭的，由本级人民政府决定并组织实施。

储存数量构成重大危险源的危险化学品储存设施的选址，应当避开地震活动断层和容易发生洪灾、地质灾害的区域。

以上所称重大危险源，是指生产、储存、使用或者搬运危险化学品，且危险化学品的数量等于或者超过临界量的单元（包括场所和设施）。

58. 危险化学品储存有哪些基本安全要求？

（1）储存危险化学品必须遵照国家法律、法规和其他有关的规定。

（2）危险化学品必须储存在经公安部门批准设置的专门的危险化学品仓库中，经销部门自管仓库储存危险化学品及储存数量必须经公安部门批准。

（3）危险化学品露天堆放，应符合防火、防爆的安全要求，爆炸物品、一级易燃物品、遇湿燃烧物品、剧毒物品不得露天堆放。

（4）储存危险化学品的仓库必须配备有专业知识的技术人员，其库房及场所应设专人管理，管理人员必须配备可靠的劳动防护用品。

（5）储存的危险化学品应有明显的标志。

（6）必须采用正确的储存方式。

（7）根据危险品性能分区、分类、分库储存，各类危险品不得与禁忌物料混合储存。

（8）储存危险化学品的建筑物、区域内严禁吸烟和使用明火。

 相关链接

危险化学品储存方式分为三种：

（1）隔离储存

在同一房间或同一区域内，不同的物料之间分开一定的距离，非禁忌物料间用通道保持隔离的储存方式。

（2）隔开储存

在同一建筑或同一区域内，用隔板或墙，将其与禁忌物料分离开的储存方式。

（3）分离储存

在不同的建筑物或远离所有建筑物的外部区域内的储存方式。

59. 如何进行危险化学品的出入库管理？

（1）储存危险化学品的仓库，必须建立严格的出入库管理制度。

（2）危险化学品出入库前均应按合同进行检查验收、登记。

（3）进入危险化学品储存区域的人员、机动车辆和作业车辆，必须采取防火措施。

（4）装卸、搬运危险化学品时应按有关规定进行，做到轻装、轻卸，严禁摔、碰、撞击、拖拉、倾倒和滚动。

（5）装卸对人体有毒害及腐蚀性的物品时，操作人员应根据危险性，穿戴相应的劳动防护用品。

（6）不得用同一车辆运输互为禁忌的物料。

（7）修补、换装、清扫、装卸易燃、易爆物料时，应使用不产生火花的铜制、合金制的工具。

 相关链接

危险化学品出入库的验收内容包括数量、包装和危险标志。

危险化学品经核对后方可入库、出库，当物品性质未弄清时不得入库。

60. 危险化学品分类储存安全要求有哪些？

（1）易燃液体、遇湿易燃物品、易燃固体不得与氧化剂混合储存，具有还原性的氧化剂应单独存放。

（2）有毒物品应储存在阴凉、通风、干燥的场所，不要露天存放，不要接近酸类物质。

（3）腐蚀性物品包装必须严密，不得泄漏，严禁与液化气体和其他物品混合存放。

 相关链接

危险化学品入库时，应该做到严格检验其质量、数量、包装情况，检查有无泄漏。危险化学品入库后应采取适当的养护措施，在储存期内定期检查。如果发现有品质变化、包装破损、渗漏、稳定剂减少等需及时处理。库房温度、湿度应严格控制、经常检查，发现变化应及时调整。

 血的教训

某日，深圳市某危险物品储运公司仓库发生特大爆炸事故，造成 15 人死亡、200 多人受伤，其中重伤 25 人。

事故主要原因是 4 号仓内强氧化剂与还原剂混存、接触，发生激烈氧化还原反应，形成热积累，导致起火燃烧。6 号仓内存放的约 30 吨有机易燃液体被加热到沸点以上后，快速挥发，冲破包装和空气、烟气形成爆炸混合物并发生燃爆。

61. 罐装危险化学品储存有哪些安全要求？

（1）压缩气体和液体气体必须与爆炸性物品、氧化剂、易燃物品、自燃物品、腐蚀性物品等隔离储存。易燃气体不得与助燃气体、剧毒气体同储，氧气不得与油脂混合储存。

（2）应有专门的木架存放气瓶，使气瓶瓶口朝上放置（切勿倒置），以保持气瓶的稳固。如无木架，也可平放，此时瓶口朝向应一致，钢瓶上要有两个橡皮圈套，并用三角夹卡牢，防止滚动。对于无瓶座的小型气瓶，可平放在木架上，木架不宜过高，一般为三层。

（3）每天要定时检查库房的温度和湿度，并做好记录。库温最高不能超过 32 ℃，相对湿度要控制在 80% 以下，以防气瓶生锈。夏季要在早晚进行通风降温，通风后出现水珠，要及时擦干。

（4）要随时检查气瓶是否漏气。注意进入毒气气瓶库房之前，要先将库房通风，并佩戴防毒面具进入。

 相关链接

罐装危险化学品灭火方法：

（1）主要用雾状水来降温灭火，在火势不大时，也可用二氧化碳灭火剂。

（2）消防人员要穿戴劳动防护用具，以防中毒。灭火时，要注意站立位置应处于气瓶侧面，以防气瓶爆炸造成伤害。如有人中毒，要立即将其移至空气流通的地方并进行救护。

62. 易燃物品储存有哪些安全要求？

（1）易燃液体储存时，库房应注意阴凉通风，远离火种、热源、氧化剂及氧化性酸类，堆码不能过高，打开包装要用不产生火花的金属材料工具。

（2）易燃固体储存时，库房应阴凉通风、干燥、隔热，库房周围要严禁烟火，要与酸类及氧化剂等分开储存，打开包装要用不产生火花的金属材料工具。

（3）遇水易燃物品遇湿或受潮会发生燃烧或爆炸，因此在储存时，应特别注意防水、防潮。

（4）自燃物品的储存关键是温度和湿度，因为当达到一定温度和湿度条件时，这类物品就会发生燃烧。

（5）氧化剂的储存要特别注意以下几点：有机氧化剂不要和无机氧化剂混存；不同的氧化剂对库房的温度、湿度要求不同；一般氧化剂的存储温度不应超过 35 ℃，库房内的相对湿度宜保持在 80% 以下。

 相关链接

易燃固体发生火灾后，可以用水、沙土、石棉毡和化学泡沫、干粉、二氧化碳等灭火器扑救，但是要注意：

（1）金属粉着火时，必须先用沙土、石棉毡覆盖，再用水扑救。

（2）磷的化合物和硝化棉、赛璐珞硝基化合物以及硫黄等物品，由于燃烧时会产生有毒和刺激性气体，消防时要佩戴防毒面具，如发现中毒，应立即到空气流通的地方休息，并服用浓茶、糖、水果、汽水等解毒治疗。

63. 有毒、腐蚀品储存有哪些安全要求？

（1）堆码的要求

对于液体物品，严禁倒放；必须防潮，防止外包装的腐蚀脱落；堆码要留有空隙方便搬运。

（2）温度和湿度要求

有毒、腐蚀品的种类比较多，性质相差也比较大，所以要根据所储存的物品的性质，决定库房的温度和湿度。

（3）加强库房检查

这类物品的化学性质非常活泼，所以要根据各自的性质，加强库房的检查，防止事故的发生。在检查时要注意库房有害气体的浓度、空气的酸碱度，防止对人身造成伤害。

（4）配备防毒设施

为了防止工作人员中毒，存储有毒物品的库房应备有相应的中毒救护药械和药物，并配有更衣室和简单的淋浴设备。

 知识学习

硫酸的安全储存：

（1）稀硫酸会腐蚀铁而产生氢气，当氢气在空气中达到一定浓度时，则会发生爆炸。所以，为了防止爆炸的发生，必须注意，在装有硫酸的槽罐附近（无论是否装有硫酸）都要严禁明火、严禁吸烟。

（2）固体硫黄不能储藏在室外，而应储藏在结构安全的储仓中。储仓的通风要好，并且要尽可能地降低储仓内空气中粉尘的浓度，严禁烟火。

（3）储藏固体硫黄要注意防潮，特别是防雨。因为硫黄会与水作用而生成稀硫酸，如果此时硫黄与钢、铁等接触，会将其腐蚀。

64. 农药储存有哪些安全要求？

（1）库房内严禁设暖气，当需升温满足储存条件时，应采用间接加热空气送入升温的方法。

（2）农药库房内应设置隔离工作间，配备消防器材和急救药箱。

（3）存放的农药应有完整无损的包装和标志，包装破损或无标志的农药应及时处理。

（4）库房内农药堆放要合理，远离电源，避免阳光直接照射，堆垛稳固，并留出运送工具作业所必需的过道。

（5）不同种类的农药应分开存放。高毒农药应存放在彼此隔离、有出入口、能锁封的单间（或专箱）内，并保持通风；闪点低于 61 ℃的易燃农药应与其他农药分开存放，并用难燃材料分隔。

（6）不同包装农药应分类存放，堆垛不宜过高，应有防渗防潮垫。

 相关链接

　　农药存储的其他安全要求有：农药库房中禁止存放对农药品质有影响、对食物有污染、对防火有碍的物质，如硫酸、盐酸、硝酸等；定期清扫农药库房，保持整洁；存放新的农药品种前应将库房清扫干净；进入存放高毒农药库房的人员，必须佩戴防护面具和穿防护服装；要保证农药库房通风照明良好。

65. 危险化学品储存区的动火原则是什么？

（1）动火应严格执行安全用火管理制度，做到"三不动火"，即没有动火证不动火、安全监护人不在场不动火、防火措施不落实不动火。

（2）在正常生产装置内，凡是可不动火的一律不动；凡能拆下来的一律拆下来，移到安全区域动火；节假日停止用火而不影响正常生产的，一律禁止。

（3）凡在生产、储存、输送可燃物料的设备、容器、管道上动火，应首先切断物料来源，加好盲板，经彻底吹扫、清洗、置换后，打开人孔，通风换气，并经分析合格后，才可动火。

（4）用火审批人必须亲临现场，落实防火措施后，方可签动

火证。一张动火证只限一处有效。

（5）动火人和安全监护人在接到动火证后，应逐项检查防火措施落实情况，防火措施不落实或防火监护人不在场，动火人有权拒绝动火。

 相关链接

根据危险品特性和仓库条件，必须配置相应的消防设备、设施和灭火药剂；配备经过培训的兼职和专职的消防人员；储存危险化学品建筑物内应根据仓库条件安装气体自动监测系统和火灾报警系统；储存危险化学品的建筑物内，如条件允许，应安装灭火喷淋系统（不可用水扑救的火灾除外）。

第**6**章
危险化学品
运输安全

66. 危险化学品安全运输的原则是什么？

要以《安全生产法》《道路交通安全法》和《道路运输条例》《危险化学品安全管理条例》《民用爆炸物品安全管理条例》等有关法律、法规和标准为依据，安全运输有毒、有害、爆炸、腐蚀等危险化学品。为了遏制道路运输危险化学品交通事故，最大限度地减少发生交通事故后因危险化学品造成的人员伤亡，必须提高从业人员安全意识和防护自救能力，为建立道路运输危险化学品安全长效机制奠定良好基础。

从事危险化学品运输的承运单位必须具有相关危险化学品的运输资质。同时，加强对运输危险化学品的驾驶人员、装卸管理人员、押运人员进行危险化学品的容器使用、装载、运输和发生事故后处置等方面的安全教育和培训。以上人员要取得相应危险化学品运输从业上岗资格证书。

 法律提示

《危险化学品安全管理条例》第四十三条规定，从事危险化学品道路运输、水路运输的，应当分别依照有关道路运输、水路运输的法律、行政法规的规定，取得危险货物道路运输许可、危险货物水路运输许可，并向工商行政管理部门办理登记手续。

67. 危险化学品运输企业资质认定有何要求？

国家对危险化学品的运输实行资质认定制度，未经资质认定，不得运输危险化学品。危险化学品运输企业必须具备的条件由国务院交通管理部门规定。公路运输危险化学品的，只能由有危险化学品运输资质的运输企业承运。

交通管理部门已颁发有关管理规定，要求经营危险化学品运输的企业应具备相应的企业经营规模、风险承担能力、技术装备水平、管理制度、员工素质等条件。从事水路危险化学品运输的企业要具备一定的资质条件、安全管理能力、自有适航船舶和适任船员等，同时对船龄也有要求。从事公路危险化学品运输的企业单位要有相应的资质条件，车辆设备应符合《汽车危险货物运输规则》规定的条件，作业人员和营运管理人员应经过培训合格后方可上岗，有健全的管理制度以及危险化学品专用仓库等。

 法律提示

> 《危险化学品安全管理条例》第四十三条规定，危险化学品道路运输企业、水路运输企业应当配备专职安全管理人员。

68. 如何加强危险化学品运输现场检查？

从事危险化学品运输的企业，应接受交通、港口、海事管理等有关部门的监督管理和检查。各有关部门应重点做好以下现场管理工作：

（1）加强运输生产现场科学管理和技术指导，并根据所运输危险化学品的特殊危险性，采取必要的、有针对性的安全防护措施。

（2）搞好重点部位的安全管理和巡检，保证各种生产设备处于完好和有效状态。

（3）严格执行岗位责任制和安全管理责任制。

（4）坚持对车辆、船舶和包装容器进行检验，做到不合格、无标志的一律不得装卸和启运。

（5）加强对安全设施的检查，制定本单位事故应急救援预案，并配备应急救援人员和设备器材，定期进行事故演练，提高工作人员对各种恶性事故的预防和应急反应能力。

69. 法律法规对剧毒化学品运输有哪些规定？

通过道路运输剧毒化学品的，托运人应当向运输始发地或者目的地县级人民政府公安机关申请剧毒化学品道路运输通行证。

申请剧毒化学品道路运输通行证，托运人应当向县级人民政府公安机关提交下列材料：

（1）拟运输的剧毒化学品品种、数量的说明。

（2）运输始发地、目的地、运输时间和运输路线的说明。

（3）承运人取得危险货物道路运输许可、运输车辆取得营运证以及驾驶人员、押运人员取得上岗资格的证明文件。

（4）《危险化学品安全管理条例》规定的购买剧毒化学品的相关许可，或者海关出具的进出口证明文件。

 法律提示

《危险化学品安全管理条例》第三十八条规定，依法取得危险化学品安全生产许可证、危险化学品安全使用许可证、危险化学品经营许可证的企业，凭相应的许可证件购买剧毒化学品、易制爆危险化学品。民用爆炸物品生产企业凭民用爆炸物品生产许可证购买易制爆危险化学品。

前款规定以外的单位购买剧毒化学品的，应当向所在地县级人民政府公安机关申请取得剧毒化学品购买许可证；购买易制爆危险化学品的，应当持本单位出具的合法用途说明。

相关链接

剧毒化学品道路运输通行证管理办法由国务院公安部门制定。

70. 如何加强对危险化学品运输从业人员的安全培训？

实行从业人员培训制度，努力提高从业人员素质，是提高危险化学品运输安全质量的重要一环。危险化学品运输企业应当对驾驶人员、船员、装卸管理人员、押运人员进行有关安全知识培训；驾驶人员、船员、装卸管理人员、押运人员必须掌握危险化学品运输的安全知识，并经所在地设区的市级人民政府交通部门考核合格，船员经海事管理机构考核合格，取得上岗资格证，方可上岗作业。为确保危险化学品运输安全，还应对与危险化学品运输有关的托运人进行培训。

为增强培训效果，可把培训和实行岗位在职资质制度结合起来，应由主管部门批准认可的培训机构组织统一培训考试发证。企业应对培训机构制定教育和培训责任制度，确保培训质量。企业工作人员必须持证上岗，未经培训或者培训不合格的，不能上岗。对虽有证上岗但不严格按照规定和技术规范进行操作的人员应有严格的处罚制度。

法律提示

《危险化学品安全管理条例》第四十四条规定，危险化学品道路运输企业、水路运输企业的驾驶人员、船员、装卸管理人员、押运人员、申报人员、集装箱装箱现场检查员应当经交通运输主管部门考核合格，取得从业资格。具体办法由国务院交通运输主管部门制定。

71. 对运输危险化学品的车辆驾驶人员有哪些要求?

（1）按照所批准的指定路线行车，不能通过人口密集的地区。

（2）严禁疲劳驾驶。行驶前应对车辆认真进行检查，确认机件良好，方可投入使用。

（3）严格遵守交通规则，防止交通事故引发的火灾及爆炸。

（4）货车在禁火区发生故障时，应及时拖离，不能就地修理。

（5）柴油车在冬季应尽可能停在停车库内，若发现柴油或重油凝固，可用开水加热使其融化，严禁使用明火直接加热，以免引起火灾。

（6）必须配备与危险化学品货物相应的灭火器具。

（7）可燃危险化学品在运输时必须用油布严密覆盖，随车人员不得在货物旁吸烟。

（8）装运危险化学品或进入易燃易爆场所及其他禁火区域（如加油站等）时，汽车应配备火星熄灭器。

（9）装运危险化学品的车辆停在公共停车场时，应与其他车辆保持一定的距离。

（10）剧毒危险化学品的运输路线应严格按照国务院交通部门规定的要求规划，禁止在内河以及其他封闭水域等航道进行运输。

 相关链接

运输危险化学品的驾驶人员、船员、装卸人员和押运人员必须了解所运载的危险化学品的性质、危险特性、包装容器的使用特性和发生意外时的应急措施，必须配备必要的应急处理器材和防护用品。

72. 对运输危险化学品的车辆有哪些要求?

（1）运输危险化学品的车辆一定要专车专用，车辆状况保持良好。有符合交通管理部门规定的明显标识，并要求限载车辆载货量的80%。对特殊危险品按国家有关规定执行。

（2）运输车辆的车厢、底板平坦完好，周围栏板牢固。

（3）运输车辆的左前方悬挂黄底黑字"危险品"字样的信号旗。

（4）运输车辆上配备与所运输危险化学品的性质相关的消防器材和捆扎、防水、防散失等用具。

（5）运输集装箱、大型气瓶、可移动槽罐的车辆，必须设置有效的紧固装置。

（6）运输危险化学品的交通工具要有防火安全措施。

（7）危险物品不能装得过高、过多，对性质不稳定、易变质、易分解和易自燃的物品，应定时检查、测温、化验，防止自燃爆炸。

（8）用敞篷车装运易燃、可燃或遇湿易燃物品时应捆扎结实，遇水燃烧物品应用密封袋包裹并扎紧。特别要注意的是，不能将易燃易爆品装在铁帮、铁底的交通工具中运输。

 法律提示

《危险化学品安全管理条例》第四十五条规定，用于运输危险化学品的槽罐以及其他容器应当封口严密，能够防止危险化学品在运输过程中因温度、湿度或者压力的变化发生渗漏、洒漏；槽罐以及其他容器的溢流和泄压装置应当设置准确、起闭灵活。

73. 运输危险化学品时发生火灾如何扑救？

（1）发现汽车失火后，驾驶人员应保持镇定，及时采取以下有效的扑救措施：立即停车熄火，切断油源，关闭油箱开关和百叶窗，再打开车门或车窗玻璃脱离驾驶室，在车外实施扑救；着火范围较小时，可利用车上的灭火器具或物品（如帆布、棉被、毯子等）进行灭火；着火范围较大、又无灭火器具时，应用路边

发现汽车失火后，驾驶人员应保持镇定，及时采取以下有效的扑救措施：立即停车熄火，切断油源，关闭油箱开关和百叶窗，再打开车门或车窗玻璃脱离驾驶室，在车外实施扑救；着火范围较小时，可利用车上的灭火器具或物品（如帆布、棉被、毯子等）进行灭火。

的沙土覆盖大火，或拦堵过往车辆请求帮助灭火，同时就近向当地消防救援队报警。

（2）装有易燃易爆危险化学品的车辆失火后，驾驶人员应根据所装物品的性质选用合适的灭火器具。

（3）为防止装运危险化学品的车辆因失火危及周围群众、建筑物，应尽力将装运危险化学品的车辆移至安全区域再进行灭火。此外，为了确保安全，运输剧毒危险化学品时，一定要有专人押运。装运过剧毒危险化学品的车辆和机械用具，必须彻底清洗后，才能装运其他物品。在内河严禁运输剧毒化学品。

 知识学习

> 对遇湿燃烧的物品，不能采用水和泡沫灭火剂扑救，也不宜用卤代烷、二氧化碳灭火剂，应采用干粉灭火剂、干砂石粉等进行扑救。
>
> 在扑救时应随时注意自身的安全防护，以免造成不必要的伤害。

74. 道路运输危险化学品货物审批程序有哪些？

非营业性运输单位从事道路危险货物运输，须事前向当地道路运政管理机关提出书面申请，经审查，符合规定运输基本条件的报地（市）级运政管理机关批准，发给道路危险货物非营业运输证后，方可进行运输作业。

从事一次性道路危险货物运输，须报经县级道路运政管理机关审查核准，发给道路危险货物临时运输证后，方可进行运输作业。

凡申请从事营业性道路危险货物运输的单位，及已取得营业性道路运输经营资格需增加危险货物运输经营项目的单位，均须按规定向当地县级道路运政管理机关提出书面申请，经地（市）级道路运政管理机关审核，符合规定基本条件的，发给加盖道路危险货物运输专用章的道路运输经营许可证和道路运输营运证后，方可经营道路危险货物运输。

 相关链接

从事营业性道路危险货物运输的单位，必须具有 10 辆以上专用车辆的经营规模，5 年以上从事运输经营的管理经验，配有相应的专业技术管理人员，并已建立健全安全操作规程、岗位责任制、车辆设备保养维修和安全质量教育等规章制度。

第7章
危险化学品
经营安全

75. 有哪些单位可以经营危险化学品？

危险化学品的经营是指企业、单位、个体工商户、百货商店（场）、企业分支机构、化工生产企业在厂外设立的销售网点经过审批的批发、零售爆炸品、压缩气体和液化气体、易燃液体、易燃固体、自燃物品和遇湿易燃物品、氧化剂和有机过氧化物、有毒品和腐蚀品等危险化学品的商业行为。危险化学品经营单位或个人应当符合相关法律法规规定的安全管理要求：

（1）取得危险化学品经营销售许可证。

（2）危险化学品经营企业必须具备的相应的法定条件。

（3）经营剧毒化学品和其他危险化学品的，应当提出申请。经审查，符合条件的，颁发危险化学品经营许可证。申请人凭危险化学品经营许可证向工商行政管理部门办理登记注册手续。

危险化学品生产企业不得向未取得危险化学品经营许可证的单位或者个人销售危险化学品。

（4）危险化学品生产企业不得向未取得危险化学品经营许可证的单位或者个人销售危险化学品。

（5）危险化学品经营企业储存危险化学品，应当遵守储存危险化学品的有关规定。危险化学品商店内只能存放民用小包装的危险化学品，其总量不得超过国家规定的限量。

（6）剧毒化学品经营企业销售剧毒化学品，应当记录购买单位的名称、地址和购买人员的姓名、身份证号码及所购剧毒化学品的品名、数量、用途。

（7）购买剧毒化学品，应当遵守相应的法律规定。

相关链接

经营危险化学品，不得有下列行为：

（1）从未取得危险化学品生产许可证或者危险化学品经营许可证的企业采购危险化学品。

（2）经营国家明令禁止的危险化学品和用剧毒化学品生产的灭鼠药以及其他可能进入人民日常生活的化学产品和日用化学品。

（3）销售没有化学品安全技术说明书和化学品安全标签的危险化学品。

76. 危险化学品经营许可证如何办理？

从事剧毒化学品、易爆危险化学品经营的企业，应当向所在地设区的市级人民政府安全生产监督管理部门提出申请，从事其他危险化学品经营的企业，应当向所在地县级人民政府安全生产监督管理部门提出申请（有储存设施的，应当向所在地设区的市级人民政府安全生产监督管理部门提出申请）。申请时准备好必需的申请材料，接受设区的市级人民政府安全生产监督管理部门或者县级人民政府安全生产监督管理部门依法审查。

设区的市级人民政府安全生产监督管理部门和县级人民政府安全生产监督管理部门应当将其颁发危险化学品经营许可证的情况及时向同级环境保护主管部门和公安机关通报。

申请人持危险化学品经营许可证向工商行政管理部门办理登

记手续后，方可从事危险化学品经营活动。法律、行政法规或者国务院规定经营危险化学品还需要经其他有关部门许可的，申请人向工商行政管理部门办理登记手续时还应当持相应的许可证件。

 法律提示

《危险化学品安全管理条例》第三十三条规定，国家对危险化学品经营（包括仓储经营）实行许可制度。未经许可，任何单位和个人不得经营危险化学品。

77. 申请剧毒化学品购买许可证应当提交哪些材料？

申请取得剧毒化学品购买许可证，申请人应当向所在地县级人民政府公安机关提交下列材料：

（1）营业执照或者法人证书（登记证书）的复印件。

（2）拟购买的剧毒化学品品种、数量的说明。

（3）购买剧毒化学品用途的说明。

（4）经办人的身份证明。

县级人民政府公安机关应当自收到前款规定的材料之日起3日内，作出批准或者不予批准的决定。予以批准的，颁发剧毒化学品购买许可证；不予批准的，书面通知申请人并说明理由。

剧毒化学品购买许可证管理办法由国务院公安部门制定。

法律提示

　　《危险化学品安全管理条例》第三十三条规定，依照《中华人民共和国港口法》的规定取得港口经营许可证的港口经营人，在港区内从事危险化学品仓储经营，不需要取得危险化学品经营许可。

78. 危险化学品经营企业应该满足哪些基本条件？

　　从事危险化学品经营的企业应当具备下列条件：

　　（1）有符合国家标准、行业标准的经营场所，储存危险化学品的，还应当有符合国家标准、行业标准的储存设施。

　　（2）从业人员经过专业技术培训并经考核合格。

　　（3）有健全的安全管理规章制度。

　　（4）有专职安全管理人员。

　　（5）有符合国家规定的危险化学品事故应急预案和必要的应急救援器材、设备。

　　（6）法律、法规规定的其他条件。

相关链接

　　危险化学品经营企业不得向未经许可从事危险化学品生产、经营活动的企业采购危险化学品，不得经营没有化学品安全技术说明书或者化学品安全标签的危险化学品。

79. 零售危险化学品业务应该满足哪些基本安全条件?

（1）零售业务的店面应与繁华商业区或居住人口稠密区保持500米以上距离。

（2）零售业务的店面经营面积（不含库房）应不小于60平方米，其店面内不得设有生活设施。

（3）零售业务的店面内只许存放民用小包装的危险化学品，其存放总质量不得超过1吨。

（4）零售业务的店面内危险化学品的摆放应布局合理，禁忌物料不能混放。综合性商场（含建材市场）所经营的危险化学品

应有专柜存放。

（5）零售业务的店面内显著位置应设有"禁止明火"等警示标志。

（6）零售业务的店面内应放置有效的消防、急救安全设施。

（7）零售业务的店面与存放危险化学品的库房（或罩棚）应有实墙相隔。单一品种存放量不能超过 500 千克，总质量不能超过 2 吨。

（8）零售店面备货库房应根据危险化学品的性质与禁忌分别采用隔离储存、隔开储存或分离储存等不同方式进行储存。

 相关链接

零售业务只许经营除爆炸品、放射性物品、剧毒物品以外的危险化学品。零售业务的店面备货库房应报公安、消防部门批准。

80. 危险化学品经营单位安全管理人员的培训有哪些内容？

（1）危险化学品安全管理的重要性及相关法律法规。

（2）危险化学品基本知识。

（3）危险化学品经营的安全管理。

（4）危险化学品事故应急预案和应急救援。

（5）危险化学品经营单位的安全技术措施。

（6）工作场所职业危害及预防。

（7）危险化学品登记办法。

（8）实际操作培训。

 相关链接

对危险化学品经营单位安全管理人员培训的内容根据《危险化学品经营单位主要负责人和主管人员、安全生产管理人员培训大纲及考核标准（试行）》（安监管人字〔2003〕31号）规定执行。

81. 如何编制危险化学品经营单位的安全生产责任制？

安全生产责任制是各项安全生产规章制度的核心，是明确单位各级领导、各个部门、各类人员在各自职责范围内对安全生产应负责任的制度。

在编制安全生产责任制时，应根据各部门和人员职责分工来确定具体内容，要充分体现责权利相统一的原则，要"横向到边，纵向到底，不留死角"，形成全员、全面、全过程安全管理的完整制度体系。

身兼数职的人员，可根据自身兼职情况，承担相应的安全生产责任。责任制的内容应该包括以下几个方面：决策层安全生产责任制；管理层安全生产责任制；岗位安全生产责任制。

 知识学习

　　生产经营单位和企业安全生产责任制的主要内容是：厂长、经理是法人代表，是生产经营单位和企业安全生产的第一责任人，对生产经营单位和企业的安全生产负全面责任；生产经营单位和企业的各级领导和生产管理人员，在管理生产的同时，必须负责管理安全工作，在计划、布置、检查、总结、评比生产的时候，必须同时计划、布置、检查、总结、评比安全生产工作。

法律提示

　　《安全生产法》第四条明确规定："生产经营单位必须建立、健全安全生产责任制。"

第 8 章
危险化学品
使用安全

82. 危险化学品危害控制的一般原则是什么？

从操作方面考虑危险化学品危害预防和控制的目的是通过采取适当的措施，消除或降低工作场所的危害，防止作业人员在正常作业时受到有害物质的侵害。

（1）替代

选用无毒或低毒的化学品替代原有的有毒有害化学品，选用难燃化学品替代易燃化学品。

（2）变更工艺

通过变更生产工艺来达到消除或降低化学品危害的目的。

（3）隔离

通过封闭、设置屏障等措施，避免作业人员直接暴露于有害

环境中。

（4）通风

通风可以使作业场所空气中有毒有害的气体、蒸气或粉尘的浓度降低，保证作业人员的身体健康，并可以防止火灾、爆炸事故的发生。

（5）个体防护

个体防护用品既不能降低作业场所中有害化学品的浓度，也不能消除作业场所的有害化学品，而只能为人体设置一道阻止有害物侵入的屏障。

（6）卫生

卫生包括作业场所清洁卫生和作业人员的个人卫生两个方面。

相关链接

危险化学品危害预防和控制的基本原则一般包括两个方面，即操作控制和管理控制。

管理控制按照国家法律、法规和标准建立起管理程序和措施，通过对作业场所进行危害识别、张贴标志，在化学品包装上粘贴安全标签，在化学品运输、经营过程中附化学品安全技术说明书等多种手段，对作业人员进行安全培训和资质认定，以及采取接触监测、医学监督等措施来达到管理控制的目的。

83. 危险化学品使用单位用火审批管理内容有哪些？

（1）一级用火

由生产车间负责人会同施工单位用火负责人，在动火前一天报送安全管理部门审批。

（2）二级用火

由车间指定的用火负责人制定防火措施，填写动火证，再经车间负责人审批。

（3）三级用火

由施工单位负责人制定、落实防火措施，填写动火证，报送消防队或者安全管理部门审批。

（4）固定用火区

由用火单位提出申请，经厂安全管理部门会同消防部门审查批准。

 相关链接

用火安全制度是危险化学品生产单位最重要的安全管理制度。对于危险化学品储存比较集中的单位，特别是绝大多数为易燃易爆品的单位，很容易发生火灾爆炸事故。

为了防止事故的发生，必须制定安全用火管理制度，并在用火之前取得动火证方可动火，动火过程中应严格控制点火源。

84. 企业使用危险化学品必须具备哪些条件？

《危险化学品安全管理条例》第二十八条规定，使用危险化学品的单位，其使用条件（包括工艺）应当符合法律、行政法规的规定和国家标准、行业标准的要求，并根据所使用的危险化学品的种类、危险特性以及使用量和使用方式，建立健全使用危险化学品的安全管理规章制度和安全操作规程，保证危险化学品的安全使用。

第二十九条规定，使用危险化学品从事生产并且使用量达到规定数量的化工企业（属于危险化学品生产企业的除外），应当依照规定取得危险化学品安全使用许可证。

危险化学品使用量的数量标准，由国务院安全生产监督管理部门会同国务院公安部门、农业主管部门确定并公布。

 知识学习

1990 年国际劳工组织（ILO）制定了第 170 号公约《作业场所安全使用化学品公约》、第 177 号建议书《作业场所安全使用化学品建议书》，1993 年制定了第 174 号公约《预防重大工业事故公约》《预防重大工业事故实践守则（基本框架）》，规范世界各国安全使用化学品的行为，并要求各国制定相应法规，预防重大事故的发生。我国分别于 1994 年 10 月 2 日由全国人民代表大会常务委员会批准了第 170 号公约，于 1992 年 8 月 27 日由原劳动部提交国务院批准了第 177 号建议书。

85. 危险化学品使用许可证申请程序有哪些？

申请危险化学品安全使用许可证的化工企业，应当向所在地设区的市级人民政府安全生产监督管理部门提出申请，并提交其符合《危险化学品安全管理条例》规定条件的证明材料。

设区的市级人民政府安全生产监督管理部门应当依法进行审查，自收到证明材料之日起 45 日内作出批准或者不予批准的决定。予以批准的，颁发危险化学品安全使用许可证；不予批准的，书面通知申请人并说明理由。

安全生产监督管理部门应当将其颁发危险化学品安全使用许

可证的情况及时向同级环境保护主管部门和公安机关通报。

 法律提示

> 《危险化学品安全管理条例》第三十条规定，申请危险化学品安全使用许可证的化工企业，应当具备下列条件：有与所使用的危险化学品相适应的专业技术人员；有安全管理机构和专职安全管理人员；有符合国家规定的危险化学品事故应急预案和必要的应急救援器材、设备；依法进行了安全评价。

86. 个体防护在危险化学品使用中的重要作用是什么？

个体防护是降低化学品危害的一种辅助性措施，当作业场所中有害化学品的浓度超标时，工人就必须使用合适的劳动防护用品。

个体防护用品既不能降低作业场所中有害化学品的浓度，也不能消除作业场所的有害化学品，而只是一道阻止有害物侵入人体的屏障。

劳动防护用品主要有头部防护器具、呼吸防护器具、眼面防护器具、身体防护用品、手足防护用品等。使用防护用品时要注意其本身的有效性。

法律提示

> 为了防止由于化学物质的溅射，以及化学尘、烟、雾、蒸气等所导致的眼和皮肤伤害，需要使用适当的防护用品或护具。眼面护具主要有安全眼镜、护目镜以及用于防护腐蚀性液体、固体及蒸气的面罩。身体防护用品主要有用抗渗透材料制作的防护手套、围裙、靴和工作服，用来消除由于与化学品接触对皮肤产生的伤害。

87. 危险化学品使用过程中如何保持个人卫生？

（1）要遵守安全操作规程并使用适当的防护用品，避免暴露在危险化学品中的可能性。

（2）工作结束后，饭前、饮水前、吸烟前要充分清洗身体的暴露部分。

（3）定期检查身体以确保皮肤的健康。

（4）皮肤受伤时，要完好地包扎。

（5）每时每刻都要防止自我污染，尤其是在清洗或更换工作服时要格外注意。

（6）建立健全安全运输管理制度。

（7）建立健全安全使用操作规程。

（8）养成安全卫生习惯：不在衣服口袋里装被污染的东西，如脏擦布、工具等；劳动防护用品要分放、分洗；勤剪指甲并保持指甲洁净；不接触能引起过敏反应的化学物质。

 相关链接

还应当采取的其他卫生措施有:

即使产品标签上没有标明使用时应穿防护服,在使用过程中也要尽可能地盖住身体的暴露部分,如穿长袖衬衫。

由于工作条件等限制不便穿工作服时,则应尽可能地使用那些不需穿工作服的化学品。

88. 使用危险化学品应该明确哪几个方面的安全要点?

(1)对所有使用的危险化学品进行识别。

（2）正确使用危险化学品安全标签。

（3）提供并使用危险化学品安全数据表。

（4）危险化学品安全储存。

（5）危险化学品安全运输。

（6）危险化学品安全处理及使用。

（7）有效的辅助工作。

（8）危险化学品废物安全处置。

（9）危险化学品暴露的监测。

（10）医学监督、记录保存、培训与教育。

 相关链接

　　有效的辅助工作在控制化学危害中起着重要的作用，例如：工作台、地面或壁架上的粉尘应定期用负压抽真空的装置清扫干净，泄漏的液体要及时用密闭容器装好，并当天从车间取走，若装化学品的容器损坏或泄漏应及时将化学品转移到完好的容器内，损坏的容器应做好相应处理。

第9章
危险化学品
废物安全处置

89. 危险化学品废物的直接危害有哪几个方面？

（1）可燃性

燃点较低，或者经摩擦或自发反应而易于发热，从而进行剧烈、持续燃烧的废物。

（2）腐蚀性

含水废物的浸出液或不含水废物加入水后的浸出液，能使接触物质发生质变，就可以说该废物具有腐蚀性。

（3）反应性

在无引发条件的情况下，由于本身不稳定而易发生剧烈变化，如与水能反应形成爆炸性混合物，或产生有毒的气体、蒸气、烟雾或臭气；在受热的条件下能爆炸；常温常压下即可发生爆炸等，此类废物则可认为具有反应性。

（4）传染性

各种危险化学品废物进入环境之后，会发生各种变化，不少物质会转变成环境激素，通过食物链又回到人体，扰乱人体内分泌功能，引发传染性疾病。

（5）放射性

核废物、污水处理废物、医疗废物等可能存在放射性物质成分，从放射化学的观点看，其总放射性、半衰期、比活度、核素组成、毒性等危害性质会对人类及自然界生物链造成巨大的威胁。

 知识学习

> 危险化学品废物是指在人们物质生产、储存、运输、经营、使用过程中以及生活、工作中直接或间接产生各种具有或可能产生危险化学品成分的废弃物质。
>
> 国家规定燃点低于 600 ℃的废物即具有可燃性。
>
> 按照规定，浸出液 pH ≤ 2 或 pH ≥ 12.5 的废物，或温度 ≥ 55 ℃时，浸出液对规定的产品牌号钢材腐蚀速率大于 0.64 厘米/年的废物为具有腐蚀性的废物。

90. 危险化学品废物的毒性表现为哪几个方面？

（1）浸出毒性

用规定方法对废物进行浸取，在浸取液中若有一种或一种以上有害成分，并且其浓度超过规定标准，就可认定该废物具有毒性。

（2）急性毒性

即一次投给实验动物加大剂量的毒性物质，在短时间内所出现的毒性，通常用一群实验动物出现半数死亡的剂量即半致死剂量表示。按照摄毒的方式急性毒性又可分口服毒性、吸入毒性和皮肤吸收毒性。

（3）其他毒性。包括生物富集性、刺激性、遗传变异性、水生生物毒性及传染性等。

 相关链接

　　危险化学品废物的危害特性表现为短期的急性危害和长期的潜在性危害，短期的急性危害主要指急性中毒、火灾、爆炸等；长期的潜在性危害主要指慢性中毒、致癌、致畸变、致突变、污染地面水或地下水等。这些危害中与安全相关的性质有腐蚀性、爆炸性、可燃性、反应性；与健康相关的性质有致癌性、传染性、刺激性、突变性、毒性、放射性、致畸变性。

91. 危险化学品废物处置由哪个部门主管？

危险化学品废物不但具有可燃性、腐蚀性、反应性、传染性、放射性、浸出毒性以及急性毒性等直接危害特性，还会在土壤、水体、大气等自然环境中迁移、滞留、转化，污染土壤、水体、大气等人类赖以生存的生态环境，甚至可能在外界环境作用下发生物理、化学反应，转化产生新的危害特性。

依照《危险化学品安全管理条例》规定，环境保护主管部门负责废弃危险化学品处置的监督管理，组织危险化学品的环境危害性鉴定和环境风险程度评估，确定实施重点环境管理的危险化学品，负责危险化学品环境管理登记和新化学物质环境管理登记；依照职责分工调查相关危险化学品环境污染事故和生态破坏事件，负责危险化学品事故现场的应急环境监测。

92. 危险化学品废物安全处置的总体原则是什么?

（1）减量化

通过适宜的手段减少危险化学品废物的数量和容积，从源头上减少危险化学品废物的产生，即通过经济和政策鼓励企业进行技术改造，实行清洁生产。危险化学品废物减量化适用于任何产生危险化学品废物的工艺过程。

（2）资源化

采用工艺技术，从危险化学品废物中回收有用的物质与资源。资源化要求已产生的危险化学品废物应首先考虑回收利用，减少后续处理处置的负荷，回收利用过程应达到国家和地方有关规定的要求，避免二次污染；生产过程中产生的危险化学品废物，应积极推行生产系统内的回收利用；生产系统内无法回收利用的危险化学品废物，应通过系统外的危险化学品废物交换、物质转化、再加工、能量转化等措施实现回收利用。

（3）无害化

将不能回收利用资源化的危险化学品废物通过一种或多种物理、化学、生物等手段进行最终处置，将危险化学品废物中对人体或环境有害的物质分解为无害或毒性较小的化学形态，达到不损害人体健康、不污染自然环境的目的。

 法律提示

危险化学品废弃物处理处置，应当依照《中华人民共和国固体废物污染环境防治法》和国家有关规定执行。

93. 危险化学品废物的储存有哪些安全要求?

由于危险化学品废物的固有属性,包括化学反应性、毒性、易燃性、腐蚀性或其他特性,可对人类健康或环境产生危害,因此在其收集、存储及运输期间必须注意进行不同于一般废物的特殊管理。

盛装危险化学品废物的容器装置可以是钢圆桶、钢罐或塑料制品,所有装满废物待运走的容器或储罐都应清楚地标明内盛物的类别、危害说明、数量和充装日期。

危险化学品废物的包装应足够安全,并经过周密检查,严防在装载、搬移或运输途中出现渗漏、溢出、抛洒或挥发等情况,否则将引发所在地区大面积的环境污染。

 相关链接

根据危险化学品废物的性质和形态,可采用不同大小和不同材质的容器进行包装。

 法律提示

为贯彻《中华人民共和国固体废物污染环境防治法》,防止危险废物储存过程造成的环境污染,加强对危险废物储存的监督管理,原国家环境保护总局于 2001 年 12 月 28 日颁布,并于 2002 年 7 月 1 日实施了《危险废物贮存污染控制标准》(GB 18597—2001)。

94. 危险化学品填埋场的选址应该满足哪些要求?

（1）危险化学品填埋场场址的选择应符合国家及地方城乡建设总体规划要求，应选择一个相对稳定、不会因自然或人为的因素而受到破坏的区域。

（2）在对填埋场场址进行选择时，应进行环境影响评价，并经环境保护行政主管部门批准。

（3）填埋场不应选在城市工农业发展规划区、农业保护区、自然保护区、风景名胜区、文物（考古）保护区、生活饮用水源保护区、供水远景规划区、矿产资源储备区和其他需要特别保护的区域内。

（4）填埋场距飞机场、军事基地的距离应在 3 000 米以上。

（5）填埋场场界应位于居民区 800 米以外，并保证在当地气象条件下对附近居民区大气环境不产生影响。

（6）填埋场必须位于百年一遇的洪水标高线以上，并在长远规划中的水库等人工蓄水设施淹没区和保护区之外。

（7）填埋场距地表水域的距离不应小于 150 米。

（8）填埋场场址选择应避开各种地质不安全的区域。

（9）填埋场必须选择有足够大的可使用面积的区域，以保证填埋场建成后具有 10 年或更长的使用期，在使用期内能充分接纳产生的危险废物。

（10）填埋场应选在交通方便、运输距离较短，建造和运行费用低，能保证填埋场正常运行的地区。

相关链接

不安全的地质区域包括：破坏性地震及活动构造区；海啸及涌浪影响区；湿地和低洼汇水处；地应力高度集中，地面抬升或沉降速率快的地区；石灰溶洞发育带；废弃矿区或塌陷区；崩塌、岩堆、滑坡区；可能会发生山洪、泥石流地区；活动沙丘区；尚未稳定的冲积扇及冲沟地区；高压缩性淤泥、泥炭及软土区以及其他可能危及填埋场安全的区域。

95. 适用于焚烧处理的危险化学品有哪些？

（1）具有生物危害性的废物，如医院废物和易腐败的废物。

（2）难以生物降解及在环境中持久性长的废物，如塑料、橡胶和乳胶废物。

（3）易挥发和扩散的废物，如废溶剂、油、油乳化物和油混合物、含酚废物以及油脂、腊废物和有机釜底物。

（4）熔点低于40%的废物。

（5）不可能安全填埋处置的废物，一般危险化学品废物中的固体含量在35%左右，有机物含量少于1%，毒性废物在经过解毒和预处理后才允许进行填埋处置。

（6）含有卤素、铅、汞、镉、锌、氮、磷或硫的有机废物，如多氯联苯（PCBs）、农药废物和制药废物等。

知识学习

易爆废物不宜进行焚烧处置。

一个典型的焚烧系统，通常由废物预处理、焚烧、热能回收、尾气和废水的净化 4 个基本过程组成。

96. 医疗固体废物常用处理方法有哪些？

（1）焚烧处理法。这是处置医疗固体废物最为常用且技术最为成熟的方法。医疗固体废物主要由废纸、塑料、木竹、纤维、皮革、橡胶、手术切除物、玻璃器皿等组成。这些垃圾大部分是有机碳氢化合物，在一定温度和充足的氧气条件下，可以完全燃烧成灰烬。医疗固体废物经过焚烧处理后，不仅可以完全杀灭细菌，使绝大部分有机物转变成无机物，而且还使废物体积减小85%~95%，从而大大减少了最终填埋的费用，消除了人们对医疗

废物的厌恶感。

（2）埋场填埋法。这是医疗固体废物的最终处置方法。通常由城镇设置集中的卫生填埋场填埋，填埋场设有防水层防止垃圾渗沥液污染地下水，渗沥液和废气有专门的处理设施。经过医疗废物处理法处理后的医疗固体废物或残余物会被送到卫生填埋场进行最终处置。

 相关链接

在当今国际上应用的诸多医疗废物处理法中，只有高温焚烧处理法具有对医疗废物适应范围广、消毒杀菌彻底、能够使废物中的有机物转化成无机物、减容减量效果显著、有关的标准规范齐全、技术成熟等多方面优点。

第10章
化工危险化学品
事故应急

97. 化工危险化学品安全事故应急救援的基本原则是什么？

（1）控制危险源

及时控制造成事故的危险源是应急救援工作的首要任务，只有及时控制住危险源，防止事故的继续扩展，才能及时、有效地进行救援。

（2）抢救受害人员

抢救受害人员是应急救援工作的重要任务。在应急救援行动中，及时、有序、有效地实施现场急救与安全转送伤员是降低伤亡率、减少事故损失的关键。

（3）撤离

由于化学事故发生突然、扩散迅速、涉及面广、危害大，应及时指导和协助群众采取各种措施进行自身防护，并向上风向迅速撤离出危险区或可能受到危害的区域。在撤离过程中应积极听从指挥，协助组织群众开展自救和互救工作。

（4）清理现场

做好现场清理，消除事故外溢的有害物质和可能对人体和环境继续造成危害的物质，防止对人体的继续危害和对环境的继续污染。

 相关链接

因为危险化学品对人体、环境具有严重的危害作用，所以危险化学品事故具有特殊而严重的后果，其事故应急救援工作十分重要。

常见的危险化学品事故应急救援工作有：危险化学品泄漏事故控制和处理；危险化学品火灾、爆炸事故应急与处理；危险化学品中毒和环境污染事故应急救援等。

98. 危险化学品泄漏事故处置中应注意哪些问题?

（1）进入现场人员必须配备必要的个人防护器具。注意检查防护器具是否齐全、有效。

（2）如果泄漏物易燃易爆，应严禁火种。

（3）应急处理时严禁单独行动，要有监护人，必要时可使用水枪、水炮掩护。

（4）危险化学品泄漏时，除受过特别训练的人员外，其他任何人不得试图清除泄漏物。

 知识学习

易燃液体泄漏事故的扑救：易燃液体泄漏后，会顺着地面（或水面）漂散流淌，造成事故面积的扩大，如果再遇火源，则非常危险。所以必须对这类泄漏物进行及时有效的处理，防止二次事故的发生。一般现场泄漏物处理可以通过覆盖、收容、稀释进行安全可靠的处置。

99. 处理危险化学品火灾、爆炸事故应当遵循的原则是什么？

危险化学品容易发生火灾、爆炸事故，但不同的危险化学品以及在不同情况下发生火灾时，其扑救方法差异很大，若处置不当，不仅不能有效扑灭火灾，反而会使灾情进一步扩大。此外，由于危险化学品本身及其燃烧产物大多具有较强的毒害性和腐蚀性，极易造成人员中毒、灼伤。因此，扑救危险化学品火灾是一项极其重要又非常危险的工作。从事危险化学品生产、使用、储存、运输的人员和消防救护人员平时应熟悉和掌握危险化学品的主要危险特性及其相应的灭火措施。

知识学习

着火源是物料得以燃烧的必备条件之一，所以，控制和消除着火源，是工业企业中预防火灾、爆炸事故的一项最基本的措施。根据着火源产生的机理和作用的不同，通常采取以下措施：严格管理明火；严格管理检修过程中的动火管理；防止机械火星；消除电气火花和危险温度；控制摩擦热；控制化学反应热；控制烟囱和排气管的火星；导除静电；防止雷电火花；防止日光照射或聚焦。

100. 如何扑救危险化学品火灾？

（1）设置警戒线

危险化学品事故现场情况复杂，必须实施警戒，并及时疏散危险区域内的人员。

（2）选择适当的处置方法，防止盲目施救

危险化学品种类繁多，各种危险化学品有各自的危险特性，处置方法也不同。所以，发生危险化学品事故时，首先一定要弄清楚危险化学品的名称和危险性，再根据事故现场情况，选择适当的处置方法。

（3）正确选用灭火剂

在扑救危险化学品火灾时，应正确选用灭火剂，积极采取针对性的灭火措施。

（4）控制和消除引火源

大多数危险化学品都具有易燃易爆性，现场处置中若遇引火源，发生火灾、爆炸，对现场人员、周围群众、设施都会造成严重危害，也会给事故处置增加难度。如果处置的危险化学品是易燃易爆物品，现场和周围一定范围内要杜绝火源，所有电气设备都应关掉，进入警戒区的消防车辆必须带阻火器。

 相关链接

危险化学品火灾扑灭后，要对事故现场进行彻底清理，防止因某些危险化学品没有清理干净而导致复燃。火灾现场及参与火灾扑救的人员、装备等应进行全面的清洗。对现场进行再次检测，确保现场残留毒物达到安全标准后，才可解除警戒。

 知识学习

大多数易燃、可燃液体火灾都能用泡沫灭火剂扑救。其中，水溶性的有机溶剂火灾应使用抗溶性泡沫灭火剂扑救，如醚、醇类火灾；可燃气体火灾可使用二氧化碳、干粉等灭火剂扑救；有毒气体和酸、碱液可使用喷雾、开花射流或设置水幕进行稀释；遇水燃烧物质（如碱金属及碱土金属火灾），遇水反应物质（如乙硫醇、乙酰氯等）应使用干粉、干沙土或水泥粉等覆盖灭火；粉状物品，如硫黄粉、粉状农药等，不可用强水流冲击，可用雾状水扑救，以防发生粉尘爆炸而扩大灾情。

101. 危险化学品事故紧急疏散时应当注意哪些方面？

危险化学品事故紧急疏散时应注意：

（1）如事故物质有毒时，需要佩戴劳动防护用品或采用简易有效的防护措施，并有相应的监护措施。

（2）应向上风方向转移，明确专人引导和护送疏散人员到安全区，并在疏散或撤离的路线上设立哨位，指明方向。

（3）不要在低洼处滞留。

（4）要查清是否有人被困在污染区与着火区。

为使疏散工作顺利进行，每个车间应至少有两个畅通无阻的紧急出口，并有明显标志，同时还要使从业人员了解紧急出口的位置。

 知识学习

在事故应急疏散时，应根据泄漏的危险化学品种类和危险性，确定疏散距离。

紧急隔离带是以紧急隔离距离为半径的圆，非事故处理人员不得靠近；下风向疏散距离是指必须采取保护措施的范围，即该范围内的居民处于有害接触的危险之中，根据泄漏危险化学品的毒性，可以采取撤离、密闭住所窗户等有效措施，并保持通信畅通以听从指挥。

102. 危险化学品事故伤员现场急救的基本原则是什么？

（1）个人防护。危险化学品事故发生后，危险化学品会通过呼吸系统和皮肤进入人体。因此，必须了解危险化学品的种类、性质和毒性，选择好合适的防护措施，并做好自身及伤病员的个体防护。

（2）毒物源的切断。进入事故现场后，要迅速切断毒物的来源，防止毒物继续外溢对人体造成的进一步伤害。

（3）选择有利地形设置急救点。

（4）防止发生继发性损害。

（5）应至少 2~3 人为一组集体行动，以便相互照应。

（6）所用的救援器材需具备防爆功能。

 相关链接

在事故现场，危险化学品对人体可能造成的伤害为：中毒、窒息、冻伤、化学灼伤、烧伤等。现场急救是一项复杂的工作，急性中毒在现场如抢救不及时或处置不恰当都会引起死亡，或留有后遗症。

因此，在现场急救过程中为最大限度地降低人员伤亡，要求救援人员不仅要懂得危险化学品的理化特性和毒性特点，还需要掌握一定的医疗急救技术和防护知识，这样才能更有效地实施救援。现场急救的基本原则是，先救人后救物，先救命后疗伤。

 知识学习

当现场有人受到危险化学品伤害时，应立即进行以下处理：

（1）呼吸困难时给氧，呼吸停止时立即进行人工呼吸急救，心脏骤停立即进行心脏复苏急救。

（2）皮肤污染时，脱去被污染的衣服，用流动清水冲洗皮肤，冲洗要及时、彻底、反复多次；头面部灼伤时，要注意眼、耳、鼻、口腔的清洗。

（3）误服危险化学品者，可根据物料性质对症处理。

（4）经现场处理后，速护送到医院进一步救治。要注意在急救之前，救援人员应确信受伤者所在环境是安全的。

103. 化学防护服（防酸工作服）有哪些类型？

防酸工作服是用耐酸性织物或橡胶、塑料等材料制成的防护服，是从事酸作业人员使用的，具有防酸性能的服装。

防酸工作服根据材料的性质不同分为透气型防酸工作服和不透气型防酸工作服两类。透气型防酸工作服用于轻、中度酸污染场所的防护，产品有分身式和大褂式两种款式。不透气型防酸工作服用于严重酸污染场所，有连体式、分身式和围裙式等款式。

 相关链接

　　特殊作业防护服使用完毕后，应进行检查、清洗、晾干保存，产品应存放于干燥、通风、清洁的库房，以确保下一次的使用。以橡胶为基料的防护服，可用肥皂水清洗后晾干，再撒些滑石粉膏存放；以塑料为基料的防护服，一般只在常温下清洗、晾干；以特殊织物为基料的防护服，如等电位均压服、微波防护服、防静电服等应远离油污，保持干燥，防止腐蚀性物质窝蚀，同时还应避免织物中的金属等导电纤维被折断。

104. 常见的呼吸防护用品有哪些？

　　根据结构和原理，呼吸防护用品可分为过滤式和隔离式两大类；按其防护用途可分为防尘、防毒和供氧三大类。

（1）过滤式呼吸防护用品

这类防护用品是以佩戴者自身呼吸为动力，将空气中有害物质予以过滤净化，可分为防尘口罩和防毒面具两种。

自吸过滤式防尘口罩是用于防御各种粉尘和烟雾等质点较大的固体有害物质的防尘呼吸器，这种口罩有复式和简易式两种。其中，复式防尘口罩由主体（口鼻罩）、滤尘盒、呼气阀和系带等部件组成；简易式防尘口罩没有滤尘盒，大部分不设呼气阀，依靠夹具、支架或直接将滤料做成口鼻罩。

自吸过滤式防毒面具主要用于防御各种有害气体、蒸气、气溶胶等有害物质，通常被称为防毒口罩或防毒面具，可分为直接式与导管式两种。前者为滤毒罐（盒）直接与面罩相连，后者为滤毒罐（盒）通过导气管与面罩相连。防毒面具的面罩分为全面

王师傅，过滤式呼吸防护用品和隔离式呼吸防护用品，我们用哪个？

我们主要是防御各种粉尘，使用过滤式呼吸防护用品就可以。

罩和半面罩，全面罩有头罩式和头戴式两种，应能遮住眼、鼻和口；半面罩一般只能遮住鼻和口。

（2）隔离式呼吸防护用品

这类防护用品能使佩戴者的呼吸器官与污染环境隔离，由呼吸器自身供气（空气或氧气）或从清洁环境中引入空气来维持人体的正常呼吸。按其供气方式，隔离式呼吸防护用品可分为自带式与外界输入式两种。

自带式有空气呼吸器和氧气呼吸器两种，其结构包括面罩、短导气管、供气调节阀和供气罐，其呼吸通路与外界隔绝。供气形式采用罐内盛压缩氧气（空气）或过氧化物与呼出的水蒸气及二氧化碳发生化学反应产生氧气两种方法。

外界输入式有电动送风呼吸器、手动送风呼吸器和自吸式长管呼吸器3种，与自带式的主要区别在于供气源由作业场所外输入口罩（面具或头盔）内。外界输入式由口罩（面具或头盔）、长导气管、减压阀、净化装置及调节阀等组成。

 相关链接

常见的呼吸防护产品主要有自吸过滤式防尘口罩、过滤式防毒面具、氧气呼吸器、自救器、空气呼吸器、防微粒口罩等。

105. 防护手套使用时有哪些注意事项？

使用防护手套前，首先应了解不同种类手套的防护作用和使用要求，以便在作业时正确选择，切不可把一般场合用的手套当作专用防护手套来使用。在所有工作环境下，防护手套都应佩戴合适，避免手套指过长，否则易被机械绞或卷住，造成手部受伤。

不同的防护手套有其特定的用途和性能，在实际工作时一定要结合作业情况来正确使用，以保护手部安全。以下是使用防护手套的注意事项：

（1）普通操作应佩戴防机械伤手套，可用帆布、绒布、粗纱制作而成，以防丝扣、尖锐物体、毛刺、工具等伤手。

（2）冬季应佩戴防寒棉手套，对导热油、三甘醇等高温部位操作也应使用棉手套。

（3）使用甲醇时必须佩戴防毒乳胶或橡胶手套。

（4）加电解液或打开电瓶盖要使用耐酸碱手套，注意防止电解液溅到衣物上或身体其他裸露部位。

（5）焊割作业应佩戴焊工手套，以防焊渣、熔渣等烧坏衣袖、烫伤手臂。

（6）备有耐火阻燃手套，用于救火或有可能造成烧伤的操作。

（7）操作旋转机床或有可能接触设备运转部件时禁止佩戴手套。

（8）防护手套特别是被凝析油、汽油、柴油等轻质油品浸湿的手套使用完毕后，应及时清洗油污；禁止戴此类手套吸烟、点火、烤火等，以防被点燃。

相关链接

防护手套均应具有标识，包括：

（1）防护手套商标、生产商或代理商的说明。

（2）防护手套的名称（商业名称或代码，以便佩戴者知道生产商和适用范围）。

（3）大小型号。

（4）如有必要，应标上老化（更换）日期。

106. 耐酸碱鞋（靴）的主要防护作用是什么？

耐酸碱鞋（靴）采用防水革、塑料、橡胶等为鞋的材料，配以耐酸碱鞋底，经模压、硫化或注压成型，具有防酸碱性能。其主要作用是在脚部接触酸碱或酸碱溶液泼溅在足部时，保护足部

不受伤害。耐酸碱鞋只适用于一般浓度较低的酸碱作业场所，不能浸泡在酸碱液中进行长时间作业，否则酸碱溶液会浸入鞋内腐蚀足部造成伤害。

根据材料的性质，耐酸碱鞋（靴）可分为耐酸碱皮鞋、耐酸碱塑料模压靴和耐酸碱胶靴三类。

 相关链接

防护鞋的使用注意事项主要有以下几个方面：

（1）防护鞋除了需根据作业条件选择适合的类型外，还应合脚，穿起来使人感到舒适，因此应仔细挑选合适的鞋号。

（2）防护鞋要有防滑设计，不仅要保护人的脚免遭伤害，而且要防止操作人员滑倒。

（3）各种不同性能的防护鞋，要达到各自防护性能的技术指标，如防砸、防刺、绝缘等要求。

（4）使用防护鞋前要认真检查或测试，在电气和酸碱作业中，破损和有裂纹的防护鞋都是有危险的。

（5）防护鞋用后要妥善保管，橡胶鞋用后要用清水或消毒剂冲洗并晾干，以延长使用寿命。

107. 防护眼镜和防护面罩的作用有哪些？

（1）防护眼镜及其作用

防固体碎屑的防护眼镜，主要用于防御金属或砂石碎屑等对眼睛的机械损伤，眼镜片和眼镜框架应结构坚固、抗打击，框架周围应装有遮边，镜片可选用钢化玻璃或用铜丝网防护镜片；化学溶液的防护眼镜，主要用于防御有刺激或腐蚀性的溶液，可选用普通平光镜片，镜框应有遮盖，以防溶液溅入；防辐射的防护眼镜，用于防御过强的紫外线等辐射线。

（2）防护面罩及其作用

1）普通面罩。是防止固体屑末和化学溶液溅射入眼及损伤面部的面罩，一般用轻质透明塑料或聚碳酸酯等塑料制作，面罩两侧及下端，分别向两耳和下颏下端朝颈部延伸，使面罩能更全面地包裹面部，增加防护效果。

2）有机玻璃隔热面罩。可防止热辐射对头部的作用，主要用于钢铁处理、大炉出灰、玻璃熔融等工种。

3）金属网面罩。用于防热和防微波辐射。

4）电焊面罩。除装有深绿色镜片外，其面罩部用一定厚度的硬纸纤维制成，质轻、防热，具有良好的电绝缘性，可防止电焊时产生的高热、紫外线、红外线、可见光以及烟雾刺激。

 相关链接

　　防护眼镜和防护面罩主要防护眼睛和面部免受紫外线、红外线和微波等电磁波的辐射，以及防止粉尘、烟尘、金属、砂石碎屑和化学溶液等溅射对眼睛的损伤。

108. 安全帽的使用注意事项有哪些?

（1）在使用之前一定要检查安全帽上是否有裂纹、碰伤痕迹、凹凸不平、磨损（包括对帽衬的检查），安全帽上如存在影响其性能的明显缺陷就应及时报废，以免影响防护作用。

（2）不能随意在安全帽上拆卸或添加附件，以免影响其原有的防护性能。

（3）不能随意调节帽衬的尺寸。安全帽的内部尺寸如垂直间距、佩戴高度、水平间距在相关标准中是有严格规定的，这些尺寸直接影响安全帽的防护性能，使用时不可随意调节。否则，一旦发生落物冲击，安全帽会因佩戴不牢脱落或因冲击触顶而起不到防护作用，直接伤害佩戴者。

（4）使用时一定要将安全帽戴正、戴牢，不能晃动，要系紧

下颌带，调节好后箍以防安全帽脱落。

（5）受过一次强冲击或做过试验的安全帽不能继续使用，应予以报废。

 相关链接

应严格使用在有效期内的安全帽：塑料安全帽的有效期为两年半，植物枝条编织的安全帽有效期为两年，玻璃钢（包括维纶钢）和胶质安全帽的有效期为三年半。超过有效期的安全帽应报废。

109. 防冲击眼护具有什么技术要求？

防冲击眼护具对视野有严格的要求：最小上侧视野为80°；对于由两片镜片组成的眼护具，最小下方视野为60°；对于由单片镜片组成的眼护具，最小下方视野为67°。

防冲击眼护具主要技术性能要求如下：

（1）抗高强度冲击性能

用于抗高强度冲击的眼镜，应满足其强度要求。

（2）耐热性

镜片放在67 ℃的水中，保温3分钟后取出，立即放入4 ℃以下的水中，不应出现破裂等异常现象。

（3）耐腐蚀性

清除金属部件表面油垢后，放入沸腾的质量分数为0.1%的食

盐溶液中浸泡 15 分钟，取出后在室温下干燥 24 小时，再用温水洗净，待其干燥，观察表面无腐蚀现象为合格。

（4）镜片的外观质量

将镜片置于背景色前，用 60 瓦白炽灯照明目测，表面应光滑，无划痕、波纹、气泡、杂质等明显缺陷。

 知识学习

防冲击眼护具的产品主要有以下几种：

（1）有机玻璃眼镜（面罩）

这类产品透明度良好，质性坚韧有弹性，能耐低温，质量轻，耐冲击强度比普通玻璃高 10 倍。缺点是不耐高温，耐磨性差。有机玻璃眼镜主要适用于金属切削加工、金属磨光、锻压工件、粉碎金属或石块等作业场所。

（2）钢化玻璃眼镜

钢化玻璃眼镜是由普通玻璃经加热到 800~900 ℃以后，再进行急冷却处理，使其内部发生结构应力改变，提高抗冲击强度后制成的眼镜。钢化玻璃镜片能承受较大的冲击力，即使破裂，也只产生圆粒状的碎片。

（3）钢双纱外网防护眼镜

这种眼镜镜架用圆形金属制成，镜框分内、外两层：内层配装圆形平光玻璃镜片，安装镜脚；外层配装钢丝经纬网纱。上缘与内层框架上缘以可控扣件连接，下缘设钩卡，镜架两侧外缘至佩戴者的太阳穴处，与镜架连接。

第12章
化工危险化学品
工伤急救知识

110. 如何进行现场紧急心肺复苏?

在生产现场对伤员进行心肺复苏非常重要。据报道,5分钟内开始院外急救实施心肺复苏,8分钟内进一步生命支持,存活率最高可达43%。复苏(生命支持)每延迟1分钟,存活率下降3%;除颤每延迟1分钟,存活率下降4%。心肺复苏(CPR),即当呼吸终止及心跳停顿时,合并使用人工呼吸及胸外心脏按压来进行急救的一种技术。

实施心肺复苏时,首先应判断伤员呼吸、心跳,一旦判定呼吸、心跳停止,应立即采取以下3个步骤进行心肺复苏。

(1)开放气道

用最短的时间将伤员衣领口、领带、围巾等解开,戴上手套迅速清除伤员口鼻内的污泥、土块、痰、呕吐物等异物，以利于呼吸道畅通，再将气道打开。

1）仰头举颌法，操作时应注意以下几点：

①救护人员用一只手的小鱼际部位置于伤员的前额并稍加用力使头后仰，另一只手的食指、中指将下颌上提。

②救护人员手指不要深压颌下软组织，以免阻塞气道。

2）仰头抬颈法，操作时应注意以下几点：

①救护人员将一只手的小鱼际部位放在伤员前额，向下稍加用力使头后仰，另一只手置于颈部并将颈部上托。

②无颈部外伤可用此法。

3）双下颌上提法，操作时应注意以下几点：

①救护人员双手手指放在伤员下颌角，向上或向后方提起下颌。

②头保持正中位，不能使头后仰，不可左右扭动。

③适用于怀疑颈椎外伤的伤员。

4）手钩异物法，操作时应注意以下几点：

①如伤员无意识，救护人员用一只手的拇指和其他四指，握住伤员舌和下颌后，掰开伤员嘴并上提下颌。

②救护人员另一只手的食指沿伤员口内

插入。

③用钩取动作，抠出固体异物。

（2）口对口人工呼吸

口对口人工呼吸的主要步骤如下：

1）救护人员将压前额手的拇、食指捏闭伤员的鼻孔，另一只手托下颌。

2）将伤员的口张开，救护人员做深呼吸，用口紧贴并包住伤员口部吹气。

3）看伤员胸部，胸部起伏方为有效。

4）脱离伤员口部，放松捏鼻孔的拇、食指，看胸廓复原情况。

5）感受伤员口鼻部是否有气呼出。

6）连续吹气两次，使伤员肺部充分换气。

（3）心脏复苏

判定心跳是否停止，摸伤员的颈动脉有无搏动，如无搏动，立即进行胸外心脏按压。实施心肺复苏的主要步骤如下：

1）用一只手的掌根按在伤员胸骨中下 1/3 段交界处。

2）另一只手压在该手的手背上，双手手指均应翘起，不能平压在胸壁。

3）双肘关节伸直。

4）利用体重和肩臂力量垂直向下挤压。

5）使胸骨下陷4厘米。

6）略停顿后在原位放松。

7）手掌根不能离开心脏定位点。

8）连续进行15次心脏按压。

9）口对口吹气两次后按压心脏15次，如此反复。

111. 中毒窒息如何救护？

（1）通风

加强全面通风或局部通风，用大量新鲜空气稀释冲淡中毒区的有毒有害气体，待有毒有害气体浓度降到容许浓度时，方可进入现场抢救。

（2）做好防护工作

救护人员在进入危险区域前必须戴好防毒面具、自救器等防护用品，必要时也应给中毒者戴上。迅速将中毒者从危险的环境转移到安全、通风的地方，如果中毒者失去知觉，可将其放在毛毯上提拉，或抓住衣服，头朝前地转移出去。

（3）如果是一氧化碳中毒，中毒者还没有停止呼吸，则应立即松开中毒者的领口、腰带，使中毒者能够顺畅地呼吸新鲜空气；中毒者已停止呼吸但心脏还在跳动，则应立即进行人工呼吸，同时针刺人中穴；若中毒者心脏跳动停止，应迅速进行胸外心脏按压，同时进行人工呼吸。

（4）对于硫化氢中毒者，在进行人工呼吸之前，要用浸透食盐溶液的棉花或手帕盖住中毒者的口鼻。

（5）如果是瓦斯或二氧化碳窒息，情况不太严重时，可把窒息者移到空气新鲜的场所稍做休息；若窒息时间较长，则应进行人工呼吸抢救。

（6）如果毒物污染了眼部和皮肤，应立即用水冲洗；对于口服毒物的中毒者，应设法催吐，简单有效的办法是用手指刺激舌根；若误服腐蚀性毒物，可口服牛奶、蛋清、植物油等对消化道

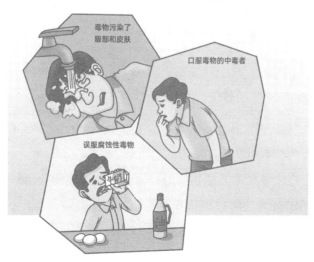

进行保护。

（7）救护中，救护人员一定要沉着，动作要迅速。对任何处于昏迷状态的中毒者，必须尽快将其送往医院进行急救。

112. 毒气泄漏如何避险与逃生？

（1）发生毒气泄漏事故时，现场人员不可惊慌，应按照平时应急预案的演习步骤，各司其职，井然有序地撤离。如果事故现场已有救护消防人员或专人引导，逃生时要服从他们的指挥。

（2）从毒气泄漏现场逃生时，要抓紧宝贵的时间，任何延误时间的行为都有可能带来灾难性的后果。

（3）逃生要根据泄漏物质的特性，佩戴相应的劳动防护用品。如果现场没有劳动防护用品或者劳动防护用品数量不足，也可应急使用湿毛巾或衣物捂住口鼻逃生。

（4）沉着冷静地确定风向，然后根据毒气泄漏源位置，向上风向或沿侧风向转移撤离，也就是逆风逃生；另外，根据泄漏物质的相对密度，选择沿高处或低洼处逃生，但切忌在低洼处滞留。

（5）逃离泄漏区后，应立即到医院检查，必要时进行排毒治疗。

（6）还需注意的是，毒气泄漏后，若没有穿戴防护服，绝不能进入事故现场救人。因为这样不但救不了别人，自己也会受到伤害。

113. 化学烧伤如何救护？

（1）生石灰烧伤

被生石灰烧伤后，应迅速清除石灰颗粒，再用大量流动的洁净冷水冲洗至少10分钟，尤其是眼内烧伤更应彻底冲洗。切忌用水浸泡受伤部位，防止生石灰遇水产生大量热量而加重烧伤。

（2）磷烧伤

被磷烧伤后，应迅速清除磷，再用大量流动的洁净冷水冲洗至少10分钟，然后用5%的碳酸氢钠或食用苏打水湿敷创面，使创面与空气隔绝，防止磷在空气中氧化燃烧而加重烧伤。

（3）强酸烧伤

强酸包括硫酸、盐酸、硝酸。皮肤被强酸烧伤后应立即用大量清水冲洗至少10分钟，同时应立即脱掉被污染的衣服；还可用4%的碳酸氢钠或2%的食用苏打水冲洗中和。

（4）强碱烧伤

强碱包括氢氧化钠、氢氧化钾、氧化钾等。皮肤被强碱烧伤后应立即用大量清水彻底冲洗创面，直到皂样物质消失为止；也可用食醋或 2% 的醋酸冲洗中和或湿敷。

 专家提示

强酸烧伤眼部：若眼部烧伤，首先采取简易的冲洗方法，即用手将伤者眼部撑开，把面部浸入清水中，将头轻轻摇动。冲洗时间不少于 20 分钟。切忌用手或手帕揉擦眼睛，以免增加创伤面积。如发生吸入性烧伤，出现咳血性泡沫痰、胸闷、流泪、呼吸困难、肺水肿等症状时，要注意保持呼吸道畅通，可吸入 2%~4% 的雾化碳酸氢钠。

冲洗时间不少于 20 分钟！

强酸烧伤眼部

强碱烧伤眼部：发生眼部烧伤至少应用清水冲洗20分钟以上。严禁用酸性物质冲洗眼部。

114. 急性中毒如何急救？

发生急性中毒后，可分除毒、解毒和对症救护三步进行急救。

（1）除毒方法

1）吸入毒物的急救。应立即使伤员撤离中毒现场，移至空气新鲜的地方，解开衣领，以保持呼吸道通畅，同时使伤员吸入氧气。伤员昏迷时，要取出假牙（如有），并将舌头牵引出来。

2）清除皮肤毒物。迅速使伤员离开中毒场地，脱去被污染的衣物，彻底清洗皮肤、毛发等，常用流动清水或温水反复冲洗身体，清除沾污的毒性物质。有条件者，可用1%醋酸或1%~2%稀盐酸、酸性果汁冲洗碱性毒物，或用3%~5%碳酸氢钠或石灰水、小苏打水、肥皂水冲洗酸性毒物。敌百虫中毒忌用碱性溶液冲洗。

3）清除眼内毒物。迅速用0.9%盐水或清水冲洗眼部5~10分钟。酸性毒物用2%碳酸氢钠溶液冲洗，碱性毒物用3%硼酸溶液冲洗。然后可使用0.25%氯霉素眼药水，或0.5%金霉素眼药膏以防止感染。无药液时，用微温清水冲洗。

4）经口误服毒物的急救。对于已经明确属口服毒物的神志清醒的伤员，应马上采取催吐的办法，使毒物从体内排出。

①催吐。首先让伤员取坐位，上身前倾并饮水300~500毫升（普通的玻璃杯1杯），然后让伤员弯腰低头，面部朝下，救护人员站在伤员身旁，手心朝向伤员面部，将中指伸到伤员口中（若

留有长指甲，须剪短），用中指指肚向上钩按伤员软腭（紧挨上牙的是硬腭，再往后就是柔软的软腭），按压软腭造成的刺激可以使伤员呕吐。呕吐后再让伤员饮水并再刺激其软腭使其呕吐，如此反复操作，直到伤员吐出的是清水为止。也可用羽毛、筷子、压舌板，或触摸咽部催吐。催吐可在发病现场进行，也可在送往医院的途中进行，总之越早越好。

催吐禁忌：口服强酸、强碱等腐蚀性毒物者，已发生昏迷、抽搐、惊厥者，严重心脏病、食道胃底静脉曲张、胃溃疡、主动脉夹瘤的患者，孕妇。

②洗胃。对于清醒者越快越好，但神志不清、惊厥抽动、休克、昏迷者忌用。洗胃只能在医务人员指导下进行。洗胃液体一般用清水，如条件许可，也可用无强烈刺激性的化学液体破坏或中和胃中毒物。

③灌肠。清洗肠内毒物，防止吸收。腐蚀性毒物中毒可灌入蛋清、稠米汤、淀粉糊、牛奶等，以保护胃肠黏膜，延缓毒物的吸收；可口服炭末、白陶土，二者都有吸附毒物的功能。

④促进毒物的排除。在现场可大量饮水、喝茶水进行利尿排毒；也可口服速尿 20~40 毫克。

⑤镇静和保暖。镇静和保暖是在抢救过程中减少耗氧的极为重要的环节，常用非那根 25 毫克、安定 10 毫克肌肉注射进行镇静。

（2）解毒和对症急救。解毒和对症急救需在医院进行。

（3）给予生命支持。在医务人员到达之前或在送去医院途中，对已发生昏迷的伤员应采取正确体位，防止窒息；对已发生心跳、呼吸停止的伤员应实施心肺复苏等。

115. 刺激性气体中毒如何急救?

过量吸入刺激性气体并引起以呼吸道刺激、炎症乃至肺水肿为主要表现的疾病状态,称为刺激性气体中毒。

(1)刺激性气体中毒症状

刺激性气体中毒主要表现为以下3种中毒症状:

1)化学性(中毒性)呼吸道炎。化学性(中毒性)呼吸道炎主要因刺激性气体对呼吸道黏膜的直接刺激损伤作用所引起,水溶性越大的刺激性气体对上呼吸道的损伤作用也越强,其进入深部肺组织的量也相应较少,如氯气、氨气、二氧化硫、各种酸雾等。化学性(中毒性)呼吸道炎可同时见有鼻炎、咽喉炎、气管炎、支气管炎等表现及眼部刺激症状,如喷嚏、流涕、流泪、畏光、眼痛、喉干、咽痛、声嘶、咳嗽、咳痰等,严重时可有血痰及气急、胸闷、胸痛等症状;吸入高浓度刺激性气体可因喉头水肿而致明显缺氧、发绀,有时甚至引起喉头痉挛,导致窒息死亡。较重的化学性(中毒性)呼吸道炎可出现头痛、头晕、乏力、心悸、恶心等全身症状。轻度刺激性气体中毒,或高浓度刺激性气体吸入早期,应及时脱离中毒现场,给予适当处理后多能很快康复。

2)化学性(中毒性)肺炎。进入呼吸道深部的刺激性气体对细支气管及肺泡上皮的刺激损伤作用可引起中毒性肺炎,除有呼吸道刺激症状外,主要表现为较明显的胸闷、胸痛、呼吸急促、咳嗽、痰多，甚至咯血；体温多有中度升高，并伴有较明显的全身症状，如头痛、畏寒、乏力、恶心、呕吐等，一般可持续3~5天。

3）化学性（中毒性）肺水肿。化学性（中毒性）肺水肿是吸入刺激性气体后最严重的表现，如吸入高浓度刺激性气体可在短期内迅速出现严重的肺水肿，但一般情况下，化学性（中毒性）肺水肿多由化学性呼吸道炎乃至化学性肺炎演变而来，如积极采取措施，可减轻或防止肺水肿发生，对改善愈后有重要意义。

肺水肿的主要特点是伤员突然发生呼吸急促、严重胸闷气憋、剧烈咳嗽等症状，并出现大量泡沫痰，呼吸常达30~40次/分以上，伴有明显发绀、烦躁不安、大汗淋漓，在这种情况下伤员不可平卧。多数化学性（中毒性）肺水肿治愈后不会遗留后遗症，

刺激性气体中毒现场急救原则：迅速将伤员带离事故现场，对无心跳、呼吸者应立即进行心肺复苏急救。

但有些刺激性气体如光气、氮氧化物、有机氟热裂解气等引起的肺水肿，在恢复 2~6 周后可出现逐渐加重的咳嗽、发热、呼吸困难，甚至出现急性呼吸衰竭而导致死亡；还有些危险化学品，如氯气、氨气等可导致慢性堵塞性肺疾患；有机氟化合物、现代建筑失火烟雾等则可引起肺间质纤维化等。

（2）刺激性气体中毒的急救措施

刺激性气体中毒现场急救原则是：迅速将伤员脱离事故现场，对无心跳、呼吸者应立即进行心肺复苏急救。

1）群体性刺激性气体中毒救护措施：

①做好准备。

②根据初步了解的事故规模、严重程度，做好药品、器材及特殊检验、特殊检查方面的准备工作，并与有关科室联络，以便协助处理伤员。

③根据随伤员转送来的资料，按病情分级安排病房，并在入院检查后根据病情进展情况随时进行调整。各级伤员应统一巡诊，分工负责，严密观察，及时处置。原则上凡有急性刺激性气体吸入者，均应至少留观 24 小时。

④严格病房无菌观念及隔离消毒制度，观察期及危重伤员应谢绝探视，保证病房安静、清洁的治疗环境。

2）早期（诱导期）的治疗处理：

①所有伤员，包括留观者，应尽早进行 X 线胸片检查，记录液体出入量，静卧休息。

②积极改善症状，如剧咳者可使用祛痰止咳剂，包括适当使用强力中枢性镇咳剂；躁动不安者可给予安定镇静剂，如立定、

非那根；支气管痉挛时可用异丙基肾上腺素气雾剂吸入或氨茶碱静脉注射；中和性药物雾化吸入有助于缓解呼吸道刺激症状，其中加入糖皮质激素、氨茶碱等效果更好。

③适度供氧。多用鼻塞或面罩，进入肺内的氧浓度应小于55%；慎用机械正压供氧，以免诱发气道坏死组织堵塞、纵膈气肿、气胸等。

④严格避免任何增加心肺负荷的活动，如体力负荷、情绪激动、剧咳、排便困难、过快过量输液等，必要时可使用药物进行控制，并可适当利尿脱水。

⑤抗感染。

⑥采用抗自由基制剂及钙通道阻滞剂，以在亚细胞水平上切断肺水肿的发生。

 **血的教训**

> 某日下午，某化工厂2号氯冷凝器出现穿孔，氯气泄漏，厂方随即进行处置。次日凌晨1时左右，裂管发生爆炸。4时左右，再次发生局部爆炸，大量氯气向周围弥漫。由于附近居民和单位较多，当地连夜组织人员疏散居民。17时57分，5个装有液氯的氯罐突然发生爆炸，当场造成9人死亡，导致附近15万人疏散。事故发生后，当地消防救援队员昼夜用高压水网（碱液）进行高空稀释，在较短的时间内控制了氯气扩散。

为避免剩余氯罐产生更大危害，现场指挥部和专家研究决定引爆氯罐。最终，存在危险的汽化器和储槽罐被全部销毁，当地解除警报。

在本次应急救援过程中，迅速疏散群众避免进一步伤亡是本次应急响应的亮点，但对氯罐的处置过程还有需要改进的地方。

116. 化学性眼灼伤如何急救？

酸、碱等化学物质溅入眼部可引起损伤，其损伤程度和愈后取决于化学物质的性质、浓度、渗透力和其与眼部接触的时间。常见的可引起化学性眼灼伤的物质有硫酸、硝酸、氨水、氢氧化钾、氢氧化钠等，碱性化学品的毒性较大。

（1）烧伤症状

1）低浓度酸、碱灼伤，表现为刺痛、流泪、怕光、眼结膜充血、结膜和角膜上皮脱落。

2）高浓度酸、碱灼伤，表现为剧烈疼痛、流泪、怕光、眼睑痉挛、眼睑及结膜高度充血水肿、局部组织坏死。

3）严重的酸、碱灼伤，表现为可损害眼的深部组织，出现虹膜炎、前房积脓、晶体浑浊、全眼球炎，甚至眼球穿孔、萎缩或继发青光眼。

（2）急救措施

1）发生化学性眼灼伤，应立即彻底冲洗。现场可用自来水进行充分冲洗，冲洗时间至少为半小时。如无水龙头，可把头浸入盛有清洁水的盆内，把上下眼睑翻开，使眼球在水中轻轻左右摆动，然后再送医院治疗。

2）用生理盐水冲洗，以稀释和去除化学物质。冲洗时，应注意穹窿部结膜是否有固体化学物质残留，并应去除坏死组织。石灰和电石颗粒灼伤，应先用蘸植物油的棉签清除残余颗粒后，再用水冲洗。

117. 化学性皮肤灼伤如何急救？

（1）迅速离开现场，脱去污染的衣服，立即用大量流动的清水冲洗 20~30 分钟。碱性物质污染后冲洗时间应延长，特别注意眼及其他特殊部位，如头、面、手、会阴部位的冲洗。灼伤创面

经水冲洗后，必要时应进行合理的中和治疗。例如，氢氟酸灼伤，经水冲洗后，需及时用钙、镁的制剂局部中和治疗，必要时可用葡萄糖酸钙进行静脉注射。

（2）化学灼伤创面应彻底清创、剪去水疱、清除坏死组织。深度创面应立即或在早期进行削（切）痂植皮及延迟植皮。例如，被黄磷灼伤后应及早切痂，防止磷吸收中毒。

（3）对有些化学物灼伤，如氰化物、酚类、氯化钡、氢氟酸等在冲洗时应进行适当的解毒急救处理。

（4）化学灼伤合并休克时，冲洗应从速、从简，并立刻积极进行抗休克治疗。

118. 强酸灼伤如何做现场处理？

浓酸溅到皮肤上后，应及时用大量清水冲洗，并脱去被污染的衣物，应根据不同酸的特殊性适当处理。硫酸、盐酸、硝酸所引起的烧伤应先拭去患处酸液，后用大量清水冲洗 10~30 分钟，再用 5% 的碳酸氢钠液中和后，再用大量清水冲洗，最后按烧伤处理。Ⅲ度烧伤可用碘酒或中草药局部处理。

氢氟酸烧伤的危害最大，其烧伤处理步骤如下：首先立即用石灰水、饱和硫酸镁溶液浸泡以促进恢复，防止坏死。若烧伤部位已经形成水疱，应切开后用 30% 葡萄糖酸钙、氯化钠溶液浸泡；浸泡后，在烧伤硬结下注射葡萄糖酸钙以形成氧化钙起止痛和控制破坏作用。但手指、足趾烧伤时切勿注射过多的葡萄糖酸钙，以防阻滞局部血循环而引起组织坏死。此外，局部烧伤可敷氧化镁与 20% 甘油混合糊状膏。如已形成溃疡或水疱，或浸透甲床，可切开，必要时应将指甲剥离或做 ▽ 形局部切除，用弱碱溶液浸泡后再敷以氧化镁油膏。

 相关链接

由强酸、强碱、酚、磷等化学物质引起的烧伤，称为化学灼伤，大多数是由于设备故障、违章操作或个人防护不当等原因所造成的。

119. 强碱灼伤如何做现场处理?

当强碱溅到皮肤上时应立即用大量清水冲洗，尽量要冲洗得彻底干净。用水冲洗前禁用中和剂，以免产生中和热加重烧伤。用 1%~2% 醋酸冲洗和湿敷后，仍需用大量清水冲洗创面。

石灰烧伤时，应先将石灰粉粒清除干净，然后再用清水冲洗，以防石灰在遇水时产生大量热而加重组织烧伤。

 相关链接

碱对组织的破坏及渗透性较强，除立即作用外，还能皂化脂肪组织，吸出细胞内的水分，溶解蛋白质并与之结合形成碱性蛋白化合物，使烧伤逐步加深。碱灼伤通常表现为局部变白、刺痛、周围红肿起水疱，重者会发生糜烂。